MEADOWLAND

THE PRIVATE LIFE OF AN ENGLISH FIELD

JOHN LEWIS-STEMPEL

一草一天堂

英格蘭原野的自然觀察

約翰・路易斯－斯坦伯爾 —— 著

羅亞琪 —————— 譯

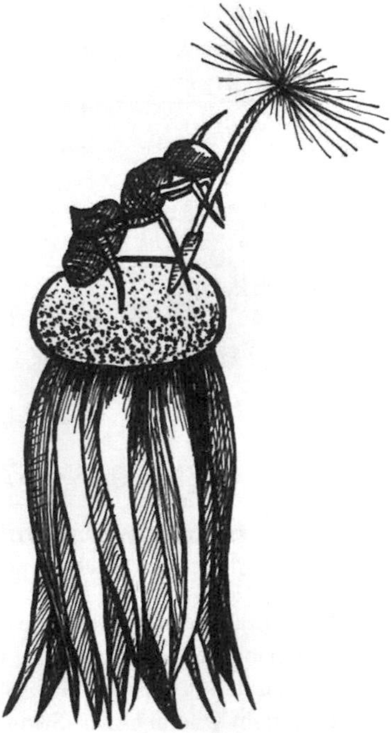

國家圖書館出版品預行編目資料

一草一天堂：英格蘭原野的自然觀察／約翰・路易斯
–斯坦伯爾(John Lewis–Stempel)著；羅亞琪譯.——
初版一刷.——臺北市：三民，2019
面；　公分.——(Nature)

ISBN 978–957–14–6623–1　(平裝)
1. 生態學 2. 通俗作品 3. 英國

367　　108005804

©　一草一天堂
——英格蘭原野的自然觀察

著作人	約翰・路易斯–斯坦伯爾(John Lewis–Stempel)
譯者	羅亞琪
責任編輯	邱文琪
協力編輯	黃凡甄
美術編輯	王立涵
封面設計	麥凱拉・阿爾蓋諾
插畫設計	麥凱拉・阿爾蓋諾
發行人	劉振強
發行所	三民書局股份有限公司 地址　臺北市復興北路386號 電話　(02)25006600 郵撥帳號　0009998–5
門市部	(復北店) 臺北市復興北路386號 (重南店) 臺北市重慶南路一段61號
出版日期	初版一刷　2019年5月
編號	S 870150

行政院新聞局登記證局版臺業字第〇二〇〇號

ISBN　978–957–14–6623–1　(平裝)

http://www.sanmin.com.tw　三民網路書店

Meadowland: The Private Life of an English Field
First published in Great Britain in 2014 by Doubleday,
an imprint of Transworld Publishers

Illustrations and map by Micaela Alcaino

Published in agreement with Lucas Alexander Whitley Ltd acting in conjunction with Intercontinental Literary Agency Ltd, through The Grayhawk Agency.

獻給佩妮、崔斯坦與菲莉妲

專文推薦

張東君（科普作家）

我一直很喜歡英國、喜歡英國的童書和小說，以及他們對待大自然的態度。算算看我喜歡的故事，從《波特小姐》到《愛麗絲》、《柳林中的風聲》、《納尼亞》、《魔戒》、《小熊維尼》、《五小冒險》、《福爾摩斯》、《失落的世界》等等，非常的多。這些大多是奇幻魔幻想像的故事，只能嚮往但是很難自己複製書中主角的經驗、經歷。但是有一本《櫻桃園》卻是實實在在讓我在多年以後藉由幫助教養松鼠，而稍稍滿足看書後浮現的夢想。

《櫻桃園》的故事描述一家四兄妹由於健康欠佳，父母又得出國，於是將他們寄養在鄉間的親戚家，並在那裡認識一位名為泰馬蘭的忘年之交。泰馬蘭由於熟知大自然，並住在沒有水電的荒郊野地中而被稱為野人，孩子們也跟他學到非常多的動植物知識。而且，家中老三還得到一隻救傷的松鼠寶寶當生日禮物。

不論是碧翠絲・波特寫的故事、《柳林中的風聲》，或是《櫻桃園》的故事，書中文字以及搭配的插畫都是跟著時序走，讓我隨著閱讀軌跡而能夠知道英國的幾月會有哪些動物出現，看著作者的描述，認識牠們的生態與行為。我雖然總是很開心的閱讀這些翻譯書，卻也很遺憾臺灣沒有這類有趣且正確的書好讓我對照臺灣的野外狀況，不過依然可以聊勝於無的有樣學樣。

在看這本《一草一天堂》時，我先是很敬佩作者在農作之餘還能如此仔細的觀察各種植物，不論那是「雜草」還是「有用」的；然後，有點同情這本書的譯者，需要查這麼多的生物名詞，以及作者引述到的非常多書籍、詩篇、文學家與博物學家。老實說，在作者順口提到的各種作品之中，我不需要看註解就知道的大概只有一半不到吧。於是看註解也成了我閱讀這本書時的樂趣之一。

這本書是從一月到十二月的每月觀察記錄。你知道有個用來計算灌木籬年齡的胡珀公式嗎？光是學到這件事，就已經值回書價。可是在學會計算方法時，卻又讓我感到非常的傷心，因為我們根本沒有多少這類可以活到超過百年的灌木叢籬笆？還有在書中的三月九日開始出現的鼴鼠，是我從故事中看到就很想看本尊，卻一直到了學妹做研究時才摸到牠那真的很像天鵝絨般柔軟的毛，這本書的作者不但提到這件事，還說牠們每小時會移動十公斤左右的土，以及其他跟鼴鼠有關的軼事雜學。

這本書就是這樣的有趣。不論是哪種動植物或是自然現象，原以為作者只是輕描淡寫的敘述，但穿插在敘述中的書名、人名，就像是個陷阱一樣的，讓你深深地掉進去，爬不出來，也不想爬出來。假如你只能帶一本書到無人島，那就——帶這本吧！

各界讚譽

《一草一天堂：英格蘭原野的自然觀察》的作者約翰・路易斯－斯坦伯爾（John Lewis-Stempel）和家人居住在英格蘭和威爾斯的邊界。除了是個細心且博學的作者，本身還是個農夫。透過流暢的文筆，他將自身的自然觀察與生活經驗，還有當下的心情，結合歷史典故、鄉野傳奇，細膩而生動的記錄下英國鄉野一月到十二月景觀，還有生活周遭的草、木、蟲、爬、鳥、獸的生態與傳說。讓遠在臺灣的我們得以想像英國鄉野的生態，彷彿也跟著作者在英國鄉間生活了一年。樂意推薦這本書給喜歡自然書寫的讀者。

——胖胖樹　王瑞閔（作家、部落格「胖胖樹的熱帶雨林」版主）

跟著文字進入自然觀察世界

大部分人認為跑野外觀察生態、記錄自然非得要全身裝備，在泥濘中與生物奮戰，其實對我與本書作者來說，這絕不是什麼苦差事，相反的是讓人感覺輕鬆，不需汗流浹背的斯文活動，因為觀察僅需打開眼耳。

閱讀本書有種跟在作者旁邊身歷其境的真實感，太陽、白雪、動物好像就在眼前，這是豐厚的文字底蘊才能賦予的感受。您可以跟著我拿起書，隨著作者的文字，徜徉在十二個不同月分帶來的豐富感受！

——黃仕傑（科普書籍作者、自然觀察家）

誰會以一年的時間，在英格蘭一片草地上進行無微不至的觀察，周而復始地追蹤自然的四季變化？除了以一位農夫和作家的身分來分析這片草地的一景一物，作者也以哲學家和藝術家的情懷感受那片草地帶來的哲理和鳥語花香。他透過細膩生動的筆觸，把草地的面貌以及生物的情態，描寫得活靈活現，為一片草地譜出如歌如畫的感人篇章。

——黃貞祥（清華大學生科系助理教授）

序

我只能告訴你那是什麼感覺。在土地上工作、看著這片土地，與它那從古至今未曾改變的一切緊密相連，是什麼感覺。理性客觀的敘述……並沒有意義。浪漫主義詩人威廉・華茲渥斯[1]記錄英國鄉村的點滴時，有時候形容得並不真切，但他所寫的這段文字倒是一點也沒錯：

大自然的知識如此甜美
人類的才智偏要干預
破壞了萬物的曼妙雅麗
抹殺美只為剖析

編注

1 威廉・華茲渥斯（William Wordsworth, 1770–1850），英國詩人。在創作上跳脫新古典主義的框架，因此奠定了英國浪漫主義文學的基礎。其作品除了歌詠人與自然的連結，也展現對社會底層與政治議題的關懷。

目錄

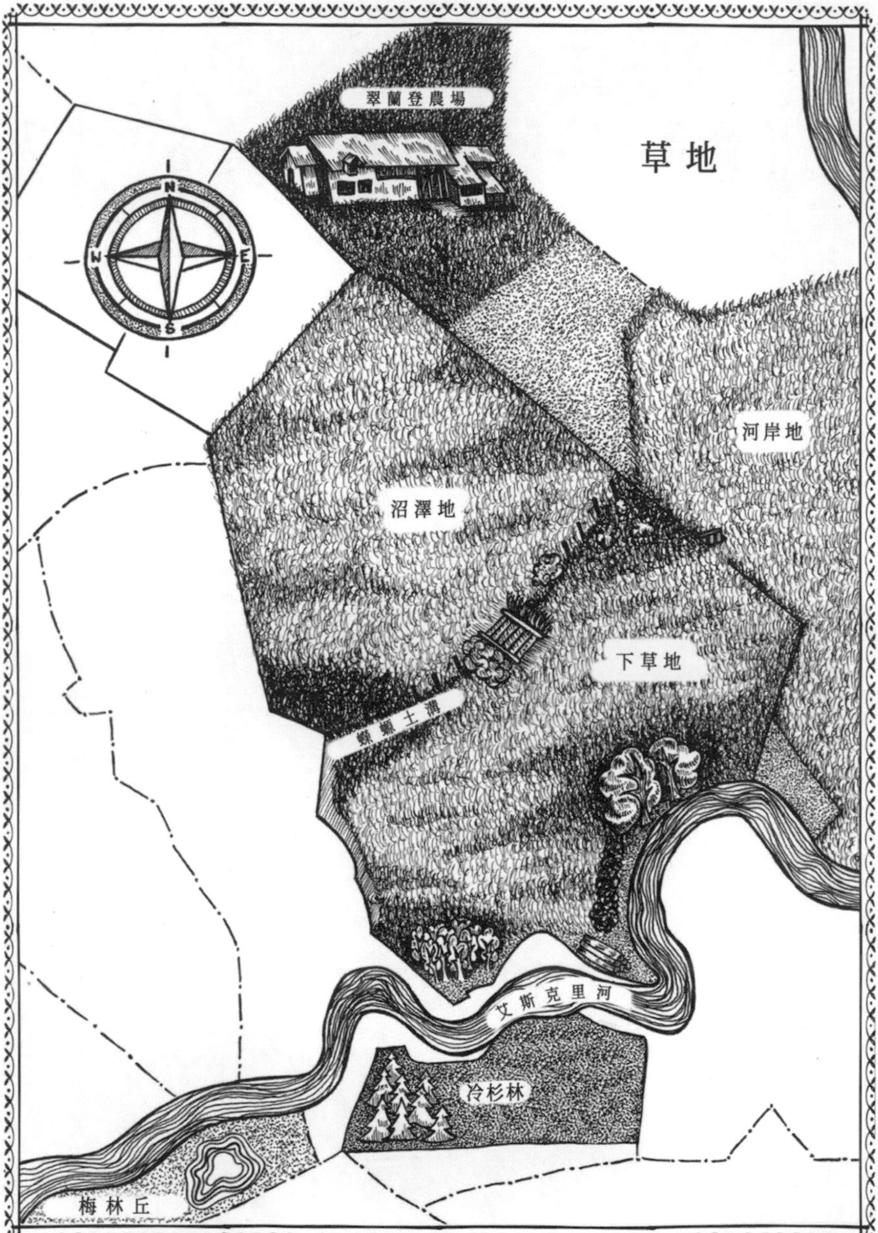

草原地圖

一月

草地鷚

Meadow pipit

我在晚間前往草場等鷚現身，此時已有一輪冰月高掛梅林丘上。寒風吹來，著實冷冽，橡樹上執拗不落的枯葉被刮得擦擦作響，好似錫箔紙。打開柵門的那刻，壯麗的景觀迎面而來，我的心如往常般雀躍了一下：一望無際的平坦原野、畫框似的成排灌木籬、左手邊順勢而下的梅林丘，以及環繞四周的高峻屏障——黑山。巒頂積了些雪，雪白柔順宛如結婚蛋糕。

踏入草場就像走上一個巨大的方形舞臺，地球上只剩我一人，觸目所及沒有任何屋舍或人車。踏進這片原野的同時，你會緩緩吐出氣來。

鷚喜歡出沒在草地潮溼的一角，那裡的老舊土溝破裂滲水，尖利的莎草獨霸一方。鷚已經連續兩天在很晚的時候出沒此地，他們利刃般的鳥喙容易刺入這裡的地面，莎草則可為他們提供掩護。

霜已結上牧草。一小群茶色的草地鷚在我面前飛起，彷彿是在躊躇地攀爬一道隱形階梯，邊飛邊啁啾著。外觀平凡無奇的草地鷚冬天時喜歡群聚，是草地環境中很典型的鳥類。這種鳥的拉丁學名是 *Anthus pratensis*，而 *pratensis* 的拉丁文意思就是「屬於草地的」。「鷚」的英文 pipit 是從這種鳥的笛叫聲來的；不過，這種鳥也被喚作吱吱兒、滴答兒、啾啾兒，全是在形容他的叫聲。這就證明了，單靠人類的語言是不可能體現鳥鳴的複雜度的。

我在草場遙遠的那端與果林農場交界的地方滑進土溝。這裡是赫里福德郡的最西端，英格蘭的邊境，同時也是多雨地帶。這條土溝是建來承接上方草場流下的逕流，深度堪比一百年前法蘭德斯士兵打仗用的壕溝[1]。

我在滲水的紅壁土溝裡，手撐在溝邊等待。我喜歡隱身躲在土溝裡等待的感覺。有時，我會帶上獵槍，獵捕野鴿、雉雞和兔子，但槍口從不瞄準鷸。這臉上配有短劍的小型涉禽是稀客，我不能射殺他。那就好像殺害貴賓一樣。遠處的樹籬傳來烏鶇的叫聲。

鷸沒有來。但，鷸向來神祕；他們的羽毛好似巫術，條紋和斑點呈現大地的保護色。大約四十分鐘後，我又累又冷，準備爬出土溝時，眼角餘光瞥見了一個模糊的形體。他正在鐵籬笆下方推擠，在底部的鐵絲上遺落了幾撮銀毛。

我們以為動物擁有近乎超能力的嗅覺，但事實是，由於風往我這邊吹，所以他根本沒發覺我的存在。

他進到草場裡，我認出了那條費力拖行的後腿。是那隻老公獾。獾（*Meles meles*）不會真的冬眠，但他為了躲避嚴厲的霜凍，已經待在地底下好多天了。獾和納粹一樣，依循的是戈林的名言：「槍砲比奶油重要。」雖然他肯定飢腸轆轆了，卻還是優先選擇巡視自己的領土。

有趣的是，他領土的東界和我們的一樣；他將人類的圍籬當作自己的國界了。他現在正沿著這條邊界蹣跚移動，黑白相間的鼻子貼近地面，每隔五碼就蹲下來留下自己的氣味。太陽早已消逝，而在弦月的月光下，我只能透過他頭頂白條紋的反光來辨別他的行蹤。

他滿意了自己製造的惡臭防線後，開始拖著腳越過草場，朝我的方向走來。獾算是一種體型龐大的哺乳動物，但卻喜歡吃小到不行的東西。距離我二十碼時，我看見他開始翻找一坨牛糞，泰然自若的模樣好比一位披薩大廚。在這麼冷的天氣，蟲子應該很少，但是在夏季尾聲，牧草剛被割下來要作為乾草用，天空下過小雨，這時候一家子的獾就會跑出來，大啖上百條的蚯蚓，簡直就像吸塵器。一隻獾一年可以輕輕鬆鬆吃掉兩萬條蚯蚓。不過，這片五點七英畝大的草場大概住了六百萬條的蚯蚓，因此他們不太可能糧食短缺。

然而，今晚能撿的東西不多，所以他拖著腳走了。我跟在他後面。本來就該如此，畢竟他才是老大。獾是大不列顛最古老的地主，早在英吉利海峽把我們和「大陸」分隔開來之前，他們已用足跡踏遍英格蘭南部的落葉林了。走過草場時，我用穿著橡膠靴的腳撥弄牛糞，想知道那隻獾剛剛在吃什麼。原來是閃閃發亮的灰色小蛞蝓。

我前面說到草場十分平坦，這其實不太正確，雖然對這丘陵滿布的地區而言，它確實是特別平。其實，這片草場是由西向東微微傾斜的。乍看之下，這片草場和全部的草場一樣，好像只有一個棲地而已，但幾乎跟所有的草場一樣的是，棲地其實不只一個。再看一遍。在牛隻站著盯著你看的那兩個入口，地面是光禿禿的，在集中的月光下留下疤痕；西邊的那條土溝承接上方沼澤地所有的水，並在滲出水的地方形成泥沼；土溝有一部分沖刷到草場裡，因深度夠、水流慢，形成了一座方形池塘，青蛙和蠑螈便在此繁殖；一片手指狀的長條草場雜亂地凸出，四面都是樹木，因為曳引機（若在很久以前則是馬匹）和刈草機進不去，所以從沒有割過草；環繞草場的灌木籬底下大部分都是乾燥的，特別是西圍籬的北端，因此羊群喜歡在那裡睡覺或逗留，山楂叢常常可看見一撮撮羊毛，地上則有一顆顆黑綠色的羊糞。他們現在就在那兒咀嚼反芻的食物，一共有三十隻雷蘭羊、十五隻雪特蘭羊和十隻赫布里底羊。薊在這裡生長，而美麗的金翅雀則會在十月時以它的種子為食。

躺在凍霜上放眼望去，就會發現這片灰濛濛的草場其實沒這麼平整，數世紀的光陰在大地上留下了許多凹凸不平的坑洞。好幾個世代的羊群反覆走過，在整片草地上踩出血管般的網狀路徑，勉強看得見凹痕。去年的牛群留下的蹄印積了水，映照出月光，彷彿有人撒下數百面小鏡子。

草場還有隱形的等高線。我爬起來，找到草場中央那個看不見的點，那裡的氣溫低到足以令我發顫。

一條狹小的高山溪流沿著草場東緣奔向大海。流過砂礫，進入玻璃般透明清澈的水塘，再繞過一個弧圈，離開我們稱為「手指」的海岬。沿岸的坡度大多都很陡峭，覆滿冬青、赤楊、山楂、榛木、田槭、常春藤；這是某個古老灌木籬生長過旺的後代。在這團樹叢中有兩棵橡樹之王，上了年紀的它們搖搖欲墜地俯身在水面上方，用和象鼻一樣粗的根部緊抓著河岸。這些樹根遁入地下，留下噩夢般的巨大黑洞。橡樹的樹齡約為七百歲，在這座孤立的山谷長滿林木的過往歲月就已存在。

在溪流和草場邊界交會的地方，樹叢長成一座小矮林；這裡有蕨類和灌木遮掩，是狐狸的巢穴。狐狸喜歡在水源附近築巢。

這條河有個名字：艾斯克里河。A・T・班尼斯特牧師在一九一六年出版的《赫里福德郡地名誌》裡，建議使用「艾斯克里」這個名詞：「聰明的學生不會討論河川的名字；不過，這條河的名字確實忍不住讓人聯想到源自同一個凱爾特語字源的埃克斯河、阿克斯河、歐克河、阿松娜河。」他的字源考究很有可能是對的，因為這個字似乎來自布立吞語，意為「長滿了魚」。說得更簡單明瞭一些，艾斯克里和威爾斯語的「魚」字有關。這個語言學的小知識提醒了我們，過去擁有這塊邊陲之地的國家主權已不再風光，而今日的這片草場距離英格蘭邊境也不過一英里而已。艾斯克里河的確有很多魚，如果有人願意耐心地在沿岸林立的赤楊樹間拋擲蚊鉤，或許釣得到鱒魚。今晚，艾斯克里河的潺潺流水聲沒有引起任何人的注意。

我正要離開草場時，渡鴉發出叫聲，雖然現在是晚上。我想起來，有對渡鴉就在河對岸的一小叢冷杉林之中築巢棲息，擁有觀看整片草場的最佳視野。渡鴉一旦結為伴侶，終生都是伴侶，而這一對從我們來到這裡時就已經在此住下了。

我們剛搬來這座農場時，這片草場既叫我歡喜，也令我絕望。它的位置太好了，我得轉三百六十度才會看見房子，看到的也只有三間，其中一間是我們自己的，這是令人喜悅的地方。可怕的是草地的狀態。當時，我的腦袋還受限於慣行農法的思維，不僅哀嘆沒有苜蓿能讓牛羊食用，對於草場上有兩塊地都被鐵線蟲糟蹋也很頭痛。

後來，我在這塊地沒有任何作為，沒有更好的做法時，我就把牲畜都往那兒丟。不過，別人也都沒有拿這塊地做什麼事；從薊的生長密度就可看出，它們的歷史非常悠久。

有時候，不予理會是件好事。在城市，有錢人住在山上。在鄉下，住山上的是窮人家。養牛大戶和玉米大亨住在平坦的地區。山丘上的農民常常欠缺資金，無法對地貌做出大幅的改變，或是噴灑一大堆除草劑。貧窮最能達到環保。某年夏天，我決定放過這塊地，不再把牲畜趕到那裡去。

農民詩人約翰・克萊爾[2]把植物稱作「綠色紀念碑」。六月下旬，這塊地長出我早已遺忘的花，像是矢車菊和筋骨草。它們都是曾作為農地使用的證據，而不只是被當成動物停車場。很久很久以前，這片草場曾經是片牧草地。

一月七日

古老的雪靜靜落在大地。五英寸厚的雪，已厚到足以乘雪橇了，於是崔斯坦和菲莉妲玩起俯式冰橇，滑下隔壁的河岸地。在遠處看不見的村莊裡，其他孩子也興奮地尖叫著。

我也用上雪橇，但不是為了享受高速滑下山坡的樂趣。我將一捆鮮亮的乾草綁在一個童話故事般的木橇上，把它拖到草場，浪漫地、自負地想像自己是南極冒險王史考特。羊兒對我另外帶的那半袋甜菜比較有興趣，全都圍了過來，膽子大的和肚子餓的羊甚至還跳上來。雪花在他們的脖子上圍成一串珍珠項鍊。白雪掩蓋了大自然的青草味，而羊兒的麝香則肆無忌憚地瀰漫在空氣中。

草場上有大片大片閃閃發光的雪地沒有被羊群踩踏過。在這些未受玷汙的處女地上，我感覺自己就像在探索一顆新星球。我確實是在探索新星球。一顆白色的星球。石英般的白雪反射強烈的陽光，使我不得不瞇起雙眼，彷彿是在窺視未來。

其實，不是整片草場都是白色的；中央有兩塊綠地不斷滲出水來，因此無法積雪。鳥兒飛到這些綠洲喝水，或在裸露的地面覓食。在柔軟的泥濘中，我看見雉雞的足印以及某種較小型的長趾鳥類所留下的淡淡三爪痕跡。

他們下午有回來一下子。是三隻小辮鴴。

過去七十年以來，農業完全變了樣。人口增長意味著農夫必須以更快的速度種植更多作物。在一九三〇年代，英國農夫生產的食物足以餵飽一千六百萬人；今天他們生產的食物可以餵飽四千萬人。現在，幾乎所有的草地都是採用「密集」的管理方式，也就是特定種類的草會噴灑肥料或除草劑。在這些密集栽種的草地，草的產量自一九四〇年代以來增加了百分之一百五十。

這是有代價的。有百分之九十七的傳統草地消失了。人工肥料對於較為脆弱的牧草沒有益處，還會使健康牧草長得更好，扼殺脆弱牧草的生存空間。一年收割牧草兩次、甚至三次，接著發酵成青貯料的這種新做法也沒有任何幫助，因為第一次收割是在五月，那時開花植物尚未撒下種子，在地面築巢做窩的鳥類及哺乳類也還在養育後代。部分動物因此遭到滅絕。我上一次看見長腳秧雞是在一九七〇年代，孩子氣的我那時拿著空氣槍到草地上射老鼠，差點踩到一隻秧雞。現在這種鳥在英國已經絕種了。我們為了在這座擁擠的小島上盡可能生產糧食，對地貌和自然遺產造成難以估計的傷害，長腳秧雞就代表這一切。

傳統的草地比較晚收割，放牧的牛羊數量也不多，許多植物雖然沒有直接的農糧價值，但卻能維繫營養物質的平衡，支持野生動物的生長。它們不也是英國的特色嗎？穿著卡其色軍服的士兵在索姆河或緬甸叢林中想起自己的家園，腦中浮現的不就是遍地野花的草地，還有那質樸的農舍與如波浪般起伏的丘陵？

「草地」的英文 meadow 有非常明確嚴謹的字義，源自古英語的 mœdwe 一詞，和 māwan 這個字有關，意思是「刈草」。草地指的是在上面種植花草，以便日後收割做成牲畜冬季乾草飼料的地方。草地並不是天然棲地，而是自然、人類與動物之間互動的地點。在最佳狀態下，草地也是和諧，也是一種藝術。

一月九日

下了更多雪。西風伴雪而來，吹出高高的雪白脊梁。整體呈現的效果就好像一片白色汪洋席捲了大地，接著又退去。一些參差的枯薊刺穿積雪，破壞了這個幻象。

羊兒扒抓這閃閃發亮的奇觀，尋找底下的牧草，並在放置乾草的架子周圍徘徊了好幾個小時。雪特蘭羊啃著灌木籬的粗常春藤，咬到只剩白骨，藤皮邊緣滲出橘色汁液。他們也會扯下懸鉤子的葉子；這種植物是落葉灌木，但卻和常綠植物很相近。晚間氣溫降到零下七度，艾斯克里河的表面覆上了一層薄冰。我看著河面結冰，不斷蔓延，好似蒼白的菌絲大舉入侵。池塘裡的水成了一英寸厚的玻璃板。儘管它發出哀號抗議，但它必能承受我的重量。

我在果林土溝旁看見那隻獾寬大的爪痕，他粗糙的毛皮在積雪的表面留下擦痕。果林土溝後面的堤岸有個小兔穴；兔子通常會逐草源一路吃進果林草場，然後用我們這頭的地道逃生。這天早上，他們進到草場，為了吃到草而鑽過沼澤地的灌木籬。這些兔子的學名是

Oryctolagus cuniculus，原意是「挖洞的野兔」。但，雪很厚，地面硬如鋼。這些兔子也會用後腳站立，啃咬甜甜的榛木樹皮。

孩子們在學校。綿羊冷到不想咩咩叫。唯有我的腳踏在雪地上的咯吱聲打破世界的寧靜。就連溪流也靜悄悄的。

曾經，這片土地被海覆蓋，魚兒優游在草地上。那時，草地在赤道以南。在四億兩千萬年前的早泥盆世，我現在站的地方是由一個淺淺的熱帶河口所覆蓋，河床上爬滿了原始魚類和各種甲殼動物——棘魚、廣翅鱟、頭甲魚、鰭甲魚等。我能夠如此確切地知道我的腳邊曾游過哪些生物，是因為往上游半英里的地方有個古老的採石場「韋恩・赫伯特」。人們在這個地方的綠色粉砂岩中找到數以百計的化石，包括早期的七鰓鰻；七鰓鰻被取了個很棒的學名：*Errivaspis waynensis*，以紀念發現地點。發現 *Errivaspis waynensis* 的同一片綠色粉砂岩透鏡層也延伸到草場底下；草場的地層很容易判定，因為溪流切過草場的一側，呈現出橫切面。草地傳統上會與溪流相鄰，當然是有原因的：草若要長得旺盛濃密，就必須盡可能獲取水分。而溪流贈予豐沛水源的方法，就是經由無數的地下毛細孔將水分滲入土壤深處。

我站在河裡看著河岸，可以看見四億五千萬年的地質史橫亙在我眼前，水平的綠色粉砂岩透鏡層在最底部。那天，我用鑿子和槌子敲啊打的，即使在這嚴冷的冬天，身子也暖了起來。

午後的某個時間點，陽光的碎片刺穿橡樹枝椏，照射在綠色的石板上，我找到了我要找的東西。那是魚鱗化石的碎片，幾乎可以肯定是棘魚的鱗片。這種長十二英寸、有著厚厚鱗片的脊椎動物，是最早出現的有頜魚類，也是今天住在這條河的鱒魚、泥鰍和鮰魚的直系祖先。現在，在清澈的河水中好奇打探我的橡膠靴的鯉科小魚，也是棘魚的後代。

有一次，我選擇走橫貫道路進入赫里福德，希望（不大的希望）避開交通阻塞。人口雖然稀少，但我至少看見有五棟房子的路邊草地被居民修剪到只剩一公分高。我在內心痛斥這種郊區美學觀（如果要把草修成這樣，幹麼搬到鄉下？），同時大嘆這場生態浩劫。路邊草地通常是古老牧草地的遺跡（在某些地方甚至是唯一的殘遺），有種類豐富的花草，同時也是野生動物的庇護所。在沃姆洛，有一隻鏽紅色的紅隼盤旋在一塊未修剪的草地上空。

一月十一日

雪依然零零星星地下，在地上留下一條條雪痕。風減弱了，太陽從雲縫間散發刺眼的光芒，蚊蟲在光束中飛舞。一月的性情就是這樣反覆無常。我最忠誠的草場伙伴草地鷚正四處嬉戲。我沒跳舞，因為在一月的時候舒適愜意是一件怪得不太健康的事。

到了下午，雪已經開始迅速融化。草下的土壤都溼透了。

根據農業研究會一九六四年的第二份公報《大不列顛土壤調查》，這片草場的地質是屬於「泥盆紀的泥灰土，夾帶細砂岩層，少數局部地區亦有薄薄的冰磧物」。我將手指伸進泥濘的野草中，抓了一把泥盆紀的泥灰土。對我的手和那些在這片土地上工作的人來說，赫里福德郡的土壤是一種厚實冰冷的紅黏土。我用手擠壓它，把它搓成球狀，滾出一顆迷你地球。

大自然痛恨這種簡單的分類法。嚴格來說，這是一片未經開發的「中性」草場，意即黏土的成分既不是強酸、也不是強鹼，酸鹼值在七左右；但實際上，這片草場有一些地方是偏酸的，酸鹼值落在四點九到五點四之間。對於像我這樣的平凡植物學家來說，這個數字表示這片草場是嗜酸植物的家，像是酸模。我非常喜歡酸模，這種植物夏天會長出迷濛的紅花，長矛般的葉子聞起來有礦物質和維他命的味道，人獸皆可食用。

在這片中性偏酸的泥盆紀泥灰土中，水不容易排出。

隔天，大部分的草場都已經積了一英寸的水，閃閃發亮。我不得不暫時移出羊群。水不斷從草場滲進溪裡。大地吸住我的腳，讓我的步伐十分不穩，彷彿罹患了關節炎似的。

一月十四日

一夕之間，艾斯克里河衝破堤岸，淹過「手指」的底部。我中午過去時，水已經退去，留下一地破碎的枝幹和木頭，滿目瘡痍。在矮林中，我看得出水差一點點就淹到狐狸的巢穴。

艾斯克里河的水位雖然降下了，卻仍像狂亂的大海般翻騰不已。

夜間的草場。不合時節的溫暖與潮溼把蚯蚓引到地面，但他們仍溺死在白鑞般的水窪中，形成一條條無聲的白色S形。在與世隔絕的陰鬱氛圍中，我見到一隻狐狸一邊涉水而過，一邊享用蟲蟲大餐。這狐狸大概和博物學的先驅吉爾伯特・懷特[3]對蚯蚓的看法一樣：「表面上雖然只是大自然鏈鎖中的一個卑微小連結，但要是沒有了牠，也會造成令人惋惜的缺憾。蟲子似乎能使植物茁壯，植物少了牠們雖然還能存活，但是卻會無精打采。」

蚯蚓在冬天通常不太活躍，因此耕作的任務就交給了 *Allolobophora nocturna* 和 *Allolobophora longa* 這兩種蟲（你還以為所有的蟲都是一樣的呢）。同一時間，這句古老的天氣諺語給了我慰藉：

草在一月生，
終年不會生。

一月十五日

黃花柳的氣生枝條在逐漸籠罩的薄霧中飄盪，我們的迷你三色傑克羅素犬史努比對著樹下的某樣東西狂吠。我到他身邊時，發現他鼻子都是血，前腳也有斑斑血跡。原來，他攻擊了一隻刺蝟。刺蝟被這天氣弄糊塗，還以為春天來了，所以從冬眠的狀態緩緩甦醒。他在腐臭的落葉上蜷縮成一球，只有輕微的呼吸讓人知道這隻大自然的巨無霸針插還活著。

基於一股愚蠢的衝動，我碰了刺蝟的針，想看看到底有多鋒利。這些針是刺蝟的註冊商標，總共多達五千根，長度可達二點五公分。我跪坐著，身體稍稍失去平衡，因此碰觸的力道比我預期的還要大。一根針刺進我的指縫。人狗都流了血，趕緊雙雙撤退。除了我，刺蝟的防禦尖刺也能讓大多數的掠食動物敬而遠之。然而，獾有辦法打開刺蝟，從裡面吃掉他，把長滿刺的外衣當包裝紙一樣丟棄。

在我身後，溪流肆無忌憚地吼叫，像一群觀看比賽的足球迷。

一月十七日

主顯節前夕。我向傳統屈服，決定祝酒去。祝酒的英文 wassail 源自中古英語的 waes hael，意思是「身體健康」。所謂的「社交祝酒」，指的是和鄰居喝一杯；但在產蘋果酒的英國西部郡縣，我們還有所謂的「果園祝酒」，人們會用棍子把蘋果樹打醒，放一片吐司在樹枝上，接著在樹的根部灑蘋果酒。這些全是為了讓接下來的一年可以大豐收。最好還要唱一首祝酒歌，歌詞大概是：

> 給大樹祝酒，讓它們結果，
> 生許多李子，長許多梨子。

祝酒這個字雖然是從古北歐語傳入中古英語，但是這個習俗本身可能更古老，可以追溯到基督教出現之前，甚至可能和奉獻祭品給羅馬水果女神波莫娜的習俗有關。祝酒過去曾是赫里福德郡的大事。一七九一年二月分的《紳士雜誌》這麼記載：

在赫里福德郡，接近傍晚時分，農夫和朋友僕人碰面，大約六點鐘的時候走到草場……在草場的最高處點燃十二個小火堆和一個大火堆。參加者在一家之主的率領下，向在場的人敬陳年蘋果酒，大家一起盡情暢飲。然後所有人在大火堆旁邊圍成一圈，齊聲吶喊。接著，你會聽見鄰近的村莊和草場跟著附和應答。有時候可以同時看見五十或六十個火堆。

火堆象徵的是救世主與祂的門徒。

基於某種不明原因，佩妮和孩子們過於忙碌，不能和我一起去祝酒。所以，就只有我自己、一片麵包、一瓶威士頓牌蘋果酒、一把獵槍和我的黑色拉布拉多犬伊迪絲。

在伸手不見五指的黑暗中，我用吐司和蘋果酒給長在河岸低處的兩棵老蘋果樹祝了酒。接著，我像個汪達爾人[4]，朝昏暗的樹頂開了一槍，嚇走惡靈。

要是十二號口徑的雙管獵槍無法驅逐邪氣，也沒有其他東西可以辦到了。

在這個幾乎看不見電子光源的古老地貌之中，舊傳統似乎沒這麼瘋癲了。我舉杯的手，就能捧起夜晚永恆的寧靜。在黑山的山麓小丘之間，有半數以上的農場都保留了大部分的歷史足跡，這些灌木籬圍起的小草地都是來自中古時期開墾林地的結果。例如這片草場，例如那片牧草地。

一月十八日

天氣很狡猾。往窗外看，外頭多雲潮溼，沒什麼特別的。我已讓羊兒回到草場；我拿了一桶礦物質要給他們舔食，但在前往草場的途中，卻感覺彷彿有利刃刺穿大衣，試圖要掏空我的生命。我的雙手成了一團黑莓果醬（愚蠢的我不曉得把手套和備用手套忘在哪裡了）；我經過一隻大山雀身邊，他的眼神蒙上一層絕望。他躺在沼澤地灌木籬底下病懨懨的野草上，但灌木籬光禿禿的，一點用也沒有，根本不能當個家。嚴冬冷酷無情；我決定在回家路上把這隻鳥帶走，給他溫飽。

即便沒有下雨，強風還是能夠從我的眼睛逼出雨水，所以眼前的一切都是模糊不清的，彷彿配上了魚眼，在水面下觀看。待我放好礦物質桶，回到大山雀那裡時，他已經死了。我用凍僵的手握住那輕如鴻毛的身體，他眼睛下方的那塊白毛看起來好像卡通版的淚滴。

死亡也具有某種生命力。冬季颳風、下雪、鬧水患，把整個鄉村刷洗得一乾二淨，準備重新開始。橡樹上，最後幾片逗留的葉子已落下，樹木和灌木籬只剩一副骨架，而那兩個灰色的松鼠窩就像交錯枝幹間的汙漬，一點在矮林的榛木上，一點在沼澤地灌木籬一棵修剪過的橡樹上，就像錯綜複雜的枝幹間的汙漬。一群椋鳥沿著草地移動，讓人聯想到波浪舞。我喜歡這群椋鳥的陪伴，否則在這樣一個充滿荒蕪枯骨意象的日子，唯一的聲音就是在天空盤旋的鵟所發出的無情鳴叫。

雪還沒下夠。整個晚上，雪花翩翩落下，到了下午已經足足有三英寸厚。風吹皺了積雪表層，白蠟樹那天鵝絨兔鼻般的芽苞，彷彿是草場上唯一柔軟的事物。沿著果林土溝邊緣，有一串鼬鼠或白鼬叮叮咚咚留下的足跡；接著可以看見一陣狂奔與打鬥的痕跡，還有發光的點點血跡，然後是寬闊的拖痕，顯示兔子的屍體被拖進灌木籬裡。

鼬鼠和白鼬的足跡非常相似；我從步伐的長度判斷，這應該是白鼬的，因為白鼬是這兩種鼬科近親之中體型較大的。

草場上，有個角落的榛木籬垮了，我下午在那裡坐了一個小時，屁股下墊著裝甜菜用的塑膠袋。甜菜殘留的甘草香氣如孩子般撫慰人心。我專注地看著草場那頭的犯罪現場，沒發現一隻白鼬就在我左手邊五碼處坐著看我。的確是隻白鼬沒錯，因為鼬鼠冬天不會變白。倒也不是全白，脅腹和肩膀的位置都有一塊棕色汙點。

我先眨了眼，然後白鼬就大步跑走，掀起一陣陣小暴風雪。

矮林那邊，知更鳥唱起極強音。一隻不會比蛾還大的鷦鷯在我這側的灌木籬翻找落葉堆；鷦鷯冬天不唱歌，因為他們忙著覓食。

濃霧下沉，拭去草場之外的世界。草場成了一座孤島。

我們被雪困住了。要從農場的小徑走到大路，必須用前頭裝了剷雪裝置的曳引機清除路面積雪才行。

我繼續用雪橇把乾草和甜菜飼料送到草場上給羊兒吃；他們將飼料槽和乾草架附近的積雪踩得泥濘不堪。一隻欣喜的烏鶇在露出的地面找食物，家麻雀則在有蓋的飼料槽底下尋覓殘留的種子和甜菜碎屑。

另一隻烏鶇正啄食掛在入口榛木上的槲寄生。農場上大部分的鶇鳥以及白眉歌鶇和田鶇等候鳥，都在西風來臨前撤退到村莊和低地了。槲寄生的葉子好似遭逢海難，整株植物看起來就像被看不見的海潮沖刷擱淺在岸上。

夜裡，溪流對岸的某處有隻狐狸對著月亮叫。我禁不起誘惑，滑了一趟俯式冰橇。雪橇留下的泥沼是月光下唯一的殘缺。

一月二十一日

艾華・湯瑪斯是我最愛的詩人之一。事實上，〈艾鐸斯特拉〉是我唯一背得出來的兩首詩之一（另一首是雪萊的〈無政府的假面舞會〉，在叛逆的青少年時期學會的）。羅伯・佛洛斯特問湯瑪斯為什麼三十五歲的他要去打第一次世界大戰時，他蹲下來親吻英國的土地，說：「為了它。」如果有人問起，我也會這麼回答。湯瑪斯認為，他能給予子孫最棒的禮物，就是英國的鄉村。在《家眷詩集》的其中一首詩裡，他寫到自己要留給兒子梅芬的遺產是：

倘若這鄉間能為我所有

到達得了的一切皆能擁有
土地任我贈予租賃——
溫格泰、瑪格麗汀泰和所有相鄰
之地——還有斯克林、古薛伊和考克雷
協洛、羅謝特、邦迪許和匹克雷
馬丁、藍姆金和麗麗帕特
以及它們的樹林、池塘、道路和車轍
馬兒耕作、鳥兒飛叫的田地
愛侶幽會的圍籬
還有果園、灌木叢和圍牆
在那兒不受北風干擾依然落下的太陽
還有一棵棵聽得見優美鳥鳴
的大樹，難以理解的古老座右銘
這些我要全部留給我的兒子
如果他願租我任何一個

破曉時分的廉價烏鶇之歌

……

除非我能付費租一首歌

和烏鶇唱的歌那樣甜美悠長

擁有房子的就是他，不會是我：

瑪格麗汀泰或者是溫格泰，抑或

斯克林、古薛伊或考克雷

協洛、羅謝特、邦迪許或匹克雷

馬丁、藍姆金或麗麗帕特

都是他的，直到車道再也見不到車轍

土地的名字幾乎不曾脫離過分的平庸，很少會像村莊的名字這麼浪漫（溫格泰！瑪格麗汀泰！多麼美呀！）。我們都叫土地「矮林（那塊）地」或「手指（那塊）地」；才剛來，隔壁鄰居就告訴我們這是「最底部（那塊）地」。我趁某個陰鬱的日子來到赫里福德的參考圖書館查閱檔案，因為在那裡，有一些勤奮又熱心公益的業餘史學家編了一本地方土地名冊。書架間幾乎只有我一人，因為四十歲以下的每個人都在使用電腦。我找到了這片草場歷史上的官方名稱，就記錄在一八四〇年的稅捐調查報告裡：「下草地」。就在「河岸地」隔壁。附近還有「大草場」、「羊棚地」、「長牧地」、「牛牧地」、「八英畝」、「往下走那塊地」、「很遠的地」、「大草原」和「平坦地」。

英國鄉村不只是土地的名字這麼缺乏想像力。同一個文獻證實，農場的名字也千篇一律地非常注重現實。最慘的一個是位在四英里外的「農舍農場」。

英國國會在一八三六年通過稅捐整流法案，隨後便進行了稅捐調查。這項法案目的是要提升教區牧師的經濟支援系統，因為在那個時候，整個系統已經陷入一片混亂，逃漏稅的狀況十分嚴重。稅捐整流法旨在把現金繳稅（而非使用動物或農作物代替）的做法變成正式的法規（「整流」稅捐），並以人們擁有的土地面積為基礎。要讓系統有效運作，就必須製作地圖、列出地主和他們持有的土地面積。我看著這些地圖，突然發現土地的名字其實很有紀念意義。名字帶有 Stubbs 或 Stocking 的，就表示這片草場是清除林地得來的，Butts（意為「靶子」）是中古時期的人練習射箭的地方，Walk 則表示這片草場原本是讓大家一起放（遛）羊吃草的地點。

土地的名字也讓赫里福德郡的方言活了起來：The Tumpy 指的是顛簸或陡峭的一塊地，

因為tump是「山丘」的方言。那麼，「酸草地」肯定就是指草不好吃的地方囉？你也可以看出村莊從前的格局：「屠夫的店」跟早已消失的當地肉品商場相鄰。

稅捐地圖上有一個名字就像墓碑：「杜鵑地」。今天，山谷裡幾乎見不到任何杜鵑的蹤影了。

人們必須熟悉土地的名字，因為那是他們工作的地方。小孩和妻子也得知道要上哪兒給他們的爸爸或丈夫帶午前和午後的茶點、蘋果酒或茶、麵包及起司。

外頭依然下著雨，因此我選擇待在溫暖的室內，翻找地方志，並找到了這個村莊一六六四年的民兵回報書複本(回報書是稅捐記錄的一種形式)。其中一頁的中間列了個名叫山姆・蘭登的人，應繳納六英鎊的所得稅。

山姆・蘭登就是翠蘭登農場這個名字的由來，因為在威爾斯語中，翠蘭登(Trelandon)的意思是「蘭登家族之屋」。他向一位「霍普頓閣下」的共同子嗣承租了這個地方；霍普頓家族又再擁有這座農場一百年左右，直到把農場賣給阿伯加文尼侯爵。侯爵家族將這座農場保留到一九二一年為止，因為他們和當時的許多地主一樣，無法承受大戰的壓力，只得變賣家產。一九一八到一九二二年間，英國有四分之一的土地換了主人，下草地也在其中。這是自修道院瓦解以來，最大規模的賣地潮。

山姆・蘭登接下這座農場時，他想到一個新奇的點子，那就是住在農場上。在這之前，鄉村地區普遍的模式是，所有在土地上勞動的人都住在一個村子裡，然後走路去農場工作。中古時期的赫里福德郡村莊一點也不古雅，主要是由很多樹枝黏土蓋成的茅舍所組成，每個都搖搖欲墜。鄉巴佬偏要拿接骨木當柴燒，不明白為什麼自己會在晚上死翹翹（燃燒接骨木會釋出氰化物）。住在黑山山腳下的這些鄉下人非常貧窮，十七世紀的當地紳士羅蘭德・沃恩甚至表示：「這裡是整個王國窮人最多的地方……我曾經在一位紳士的田裡同時看見三百個拾穗人。」換句話說，就是有一大群窮人在田地上翻找遺落的麥穗。

你可能會認為，山姆・蘭登很開心能遠離塵囂，在與世隔絕的地方建立自己的屋子。他肯定是個很有想法的人。我用計算灌木籬年齡的胡珀公式（三十碼長的圍籬存在的植物物種數量乘以一百一十，接著再加三十，就等於灌木籬年齡）一算，估計下草地的西側圍籬大約是三百五十歲。這排灌木籬將下草地和上方的溼地區隔開來，同一個時間挖的土溝則疏通低窪地的排水，讓土地乾燥。此外，區隔下草地後，春夏兩季就可以不用再讓牲畜吃掉這塊較乾、較好的草地。

他把一塊草場變成牧草地了。

當然，翻找這些被遺忘的文件檔案就和偷看他人日記一樣，有同樣的風險。你可能會發現你不想知道的事情。我在翻閱一本和赫里福德郡有關的書時，發現在這個與威爾斯接鄰的西緣地帶，年平均降雨量為三十到四十英寸。逗趣的是，同一個架上，有一本書是關於我祖父念過的學校的歷史，而這所學校恰好也位於英格蘭與威爾斯的交界。十八世紀時，這所學校在倫敦廣告招生，歡迎男孩來到赫里福德郡的邊界地區學習拉丁文和希臘文，享受溫和健康的氣候。

我差點大笑出聲。

雨仍不受控制地傾瀉而下，夜晚的圖書館也準備閉館了。回到家後，我穿上防風外套，拉好每一條拉鍊、扣好每一個鈕扣，在大雨中走到下草地，肩膀就像船首般乘風破浪。以黏土為基底的草地又再次飽和，表面積了半英寸的水。四周一片黑暗，是前不著村後不著店、下著大雨沒有光線的山谷在一月的夜晚才有的那種黑暗。地窖那種無法穿透的黑暗。我看不見土壤表面的水，是憑橡膠靴的潑濺聲才知道積水的深度。

一月二十四日

翠鳥是最不屬於草地的一種鳥；五年來，我從來沒看過他脫離河床的飛行路線，因為河床是他唯一的路線導航。但他時常出現在草場邊緣和我的眼角餘光，閃爍藍綠色的霓虹，在大氣中留下緩緩消逝的虹彩。就像一顆放射性粒子漸漸衰變。

這時，翠鳥來了。他在一個完美的水平面上飛行，懸在與溪流和天空等距的位置。

神話中的阿爾庫俄涅指的就是這種鳥，傳說他們會將蛋下在海上，大海就會因此平靜下來[5]。所以，詩人和莎士比亞才會把風平浪靜的日子稱作「阿爾庫俄涅的太平日」。有些人相信，翠鳥不但能決定天氣，還能預測天氣；把死掉的翠鳥吊起來，他的嘴喙會轉到風的來向，好比一隻五彩繽紛的風向雞。

草場不僅是眼睛的地景，也是耳朵的地景。翠鳥的「嘰嘰」聲偶爾會出現在意識末端。

我在岬這邊。赤楊倒木覆上了一層焦糖色的金針菇。學名為 *Flammulina velutipes* 的金針菇是少數在冬季出沒的蕈菇，也是一種食用菇。在日本，這是非常受到讚譽的珍餚，稱作「榎茸」。只有接骨木上那些伸長了手臂的黑木耳可比得上金針菇的堅韌。

一月二十六日

在承包商羅伊・菲利浦斯過來修剪農場的圍籬時，我人在外頭。他在他的福特郡曳引機後面加裝了連枷剪草機。灌木籬應該手工切開、編織，但這是漫無止盡的代辦清單中被擺在最尾端的耗時工作之一。因為下草地滿是積水，羅伊只能夠將曳引機開到草場的一部分；他只修了一個半的灌木籬，使草場呈現一種放蕩不羈、理頭理了一半的樣子。修過的圍籬顯得方方正正，扒得只剩頭骨。像蛇一樣的常春藤似乎是唯一固定住整個樹叢的東西。在未修整的圍籬上，赤楊狀似垂爪的葇荑花序及常春藤李紅色的成堆莓果成了浮誇的對照組。而修剪過的灌木籬又散發一種醉人的甜瓜香，聞起來無比美好。

傍晚的天空讓牧羊人歡喜。血紅色的夕陽餘暉照在遠方噴射機留下的飛機雲上，讓人產生飛機是被火焰驅動的錯覺。

一月二十七日

雪花蓮和山靛在農場車道旁的灌木籬盛開了。白晝也明顯變得較亮、較長。我爬到矮林裡。位於矮林中央暗處的狐狸窩正在進行翻修，泥濘的主要入口有明顯的挖掘痕跡。除了周遭的動物屍體殘骸（兔子、歐歌鶇）之外，有個令人難以忘卻的證據可以證明這裡住了一隻狐狸：嗅聞這座地牢的洞口時，可以聞到一股刺鼻的酸味。這時，狐狸已經交配了。假如著床成功，雌狐將會展開約五十二天的孕期。赤狐是犬科動物中孕期最短的。

在滴著水的矮林林地上，躺著一隻死掉的青山雀，像是暗色落葉中突然迸發一抹色彩。我不禁懷疑，狐狸是否真如民間故事所說，給青山雀施加了催眠術，讓他飛下樹來。極地般的嚴寒和後續的無情大雨謀殺了許多鳥兒。

低垂的冬陽穿透榛木矮林的縫隙。

編註

1 法蘭德斯戰場 (Flanders Fields) 是第一次世界大戰期間西線最主要的戰場，壕溝戰造成了龐大的傷亡。

2 約翰・克萊爾 (John Clare, 1793–1864)，英國浪漫派農民詩人。

3 吉爾伯特・懷特 (Gilbert White, 1720–1793)，英國鳥類學家與博物學家。他在一七八九年出版《塞爾彭自然史與民俗紀事》(*The Natural History and Antiquities of Selborne*)，結合系統性的研究與敏銳的觀察，成為眾人推崇的自然史經典之作。

4 汪達爾人 (Vandals) 是日耳曼的一個部族，曾於西元四二九到五三四年間在北非突尼西亞一帶建立王國。西元四五五年，汪達爾人進攻並洗劫了羅馬城，從此他們的名字就成為刻意破壞的同義詞。

5 在希臘神話中，風神的女兒阿爾庫俄涅 (Alcyone) 和晨星之子刻宇克斯 (Ceyx) 為一對恩愛夫妻。某日刻宇克斯於航行途中遭遇海難，阿爾庫俄涅得知消息後悲傷不已，最後投海自盡。眾神看到他們深厚的感情，大受感動，便將他們雙雙化為翠鳥。每年冬至前後，風神會讓海上的風停下來，讓這對佳偶可以順利孵育下一代。

二月

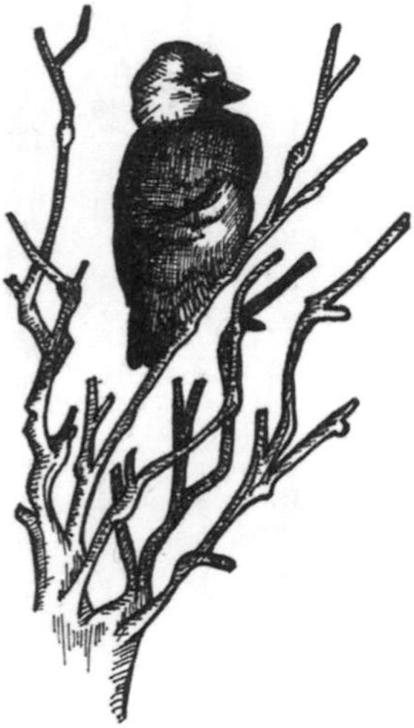

寒 鴉

Jackdaw

二月二日獻主節

早晨的霧靄令人毫無動力，黏答答的像是臉上的汗水。在草場遠遠的那頭，有隻看不見的渡鴉心不在焉地發出節拍器般的呱呱聲。他就和過去一星期以來一樣，正在單調的溪流對岸那座輪廓呈三角形的冷杉林裡，窩坐在自己的蛋上。渡鴉築巢的時間是出了名地早。或許，他是在抱怨獾吧。獾進行了一次大掃除，把洞穴裡一大堆腐敗發臭的苔蘚墊被扔在他的樹下。

露珠困在無數隻皿蛛織成的網子上，讓整片草場鋪滿了迷你絲綢方巾，就像地精掉落的小手帕。或者應該說，只有雷蘭母羊除草除得不夠認真的地方才會出現這幅景象。

三十隻雷蘭羊在我面前一字排開，形成一片煞白的沉默。她們的直系祖先是十五世紀初期造出這片草場的那些羊。和在中古時期之前支配了英國地貌的那些原始羊不一樣，雷蘭羊是很有系統的食草動物，不像半綿羊、半山羊的祖先那樣會想吃樹和灌木叢。雷蘭羊吃草不加思索、一律通吃，因此可以抑制比較茂盛的草類，允許較為纖弱的花草生存繁衍。英國的草地可以像下草地一樣展示這麼多種類的花花草草，其中一個原因就是他們。光是草的部分，下草地就有貓尾草、草甸羊茅、鴨茅、狐尾草、地楊梅、黃花茅、髮草、洋狗尾草和早熟禾。在禾本科這個草類大家族當中，這些都是二十一世紀的典型種類。不過，英國的野草總共有一百五十種。

那三十隻母羊渾然不知我在思索這些環境議題。她們吃得十分勤奮，因為肚子裡懷有羊寶寶。她們全身散發著驕傲的母性光輝，連毛皮上厚重的露水也無法澆熄。其中一隻站得直挺挺的，甩動自己雪花石膏般的上半身，在腹部濺出一圈光環。

許多年來，在這樣的早晨，雷蘭羊和我的家族常常會像這樣互看，因為雷蘭羊和我的祖先從很久以前就認識彼此了。我母親的母系親屬是一個姓帕里的家族，在封建時代是埃威亞斯拉奇（這座山谷從前的名字）的王室管家，曾經協助培育這個品種。五百年前，帕里家族就在黑山山腳下的這些草地放牧雷蘭羊了。我總喜歡想像，是我的表親布蘭琪・帕里送給伊莉莎白一世那雙用上等白色雷蘭羊毛做成的襪子，令女王如此喜愛，從此不願再將其他材質的毛襪套在她那童貞的雙腿上。布蘭琪・帕里以女官的身分服侍伊莉莎白達五十六年之久。不過，這則白羊毛襪傳說所提到的人物也有可能是其他在宮中任職的帕里家族成員，像是伊莉莎白的牧師亨利・帕里、她的獵人詹姆士・帕里、她的司庫湯瑪斯爵士、她的宮廷財政局書記約翰・帕里、她的侍女法蘭西絲、她的女官凱薩琳、另一個女官特蘿伊夫人，或是她的寢宮侍女凱瑟琳。或者，也有可能是布蘭琪的姪孫，也就是前面提過的羅蘭德・沃恩（他也是宮廷朝臣），又或是她的表親約翰・迪伊——女王的占星學家。要不，也有可能是布蘭琪最顯赫的表親伯利勛爵，也就是伊莉莎白的首席大臣。他的祖先住在阿爾特伊爾烏尼思莊園，至今仍矗立在埃威亞斯拉奇山谷的低地。

帕里家族似乎是鎖定了伊莉莎白的宮廷不放呢。然而，帕里家不光只是王室的佣人而已。他們還是歷史變遷的一分子，是都鐸王朝開始出現牧羊產業的推手。這全是因為，有人發現綿羊施肥過的草地可以保持肥沃。

我正在數羊。一隻也沒少。是時候該走了。依照古老習俗，二月二日獻主節是牧草地「停工」或說是「上鎖」的日子，要移走所有的牲畜。

這群懷孕的雷蘭羊不需要牧羊犬把她們趕出來。只要學羊的聲音大喊「羊咩咩！」，她們就會跟在我後面。巴夫洛夫[1]在墳墓裡應該會為我鼓掌。羊兒知道我只要叫她們的名字，食物絕對跟著來。我從不騙她們；她們過了柵門進到河岸地之後，就會發現甜菜大餐在長長的飼料槽裡等著她們。

我將下草地的鍍鋅柵門關上。這下子，草可以不受干擾地生長，直到刈草機在某個晴朗的夏日出現在草地上。屆時，草地會被割成一條一條的，變成冬天的乾草飼料。

草，是我們所有人的守護者。

兒時聖誕節在教堂學到的一句經文浮現在我的腦海。《以賽亞書》第四十章的第六到七節：「凡有血肉之軀的盡都如草，他的一切榮美像野地的花。耶和華吹一口氣，草就枯乾，花也凋謝。百姓誠然是草。」

我沿著沼澤地冬天光禿禿的灌木籬遊蕩，發現一個長尾山雀的圓拱狀鳥巢，是用青苔和地衣築成的，實在了不起。看起來就像一顆銅綠色的蛋。或是獨眼巨人失去光澤的銅製頭盔。長尾山雀的藝術品雖然精巧，但他們卻有著碼頭工人的無畏精神，把巢築在細柳枝上。我雖然極其小心地解開，鳥巢還是被我拉壞了，爆出一堆襯底的鴿羽，彷彿在打枕頭仗。

要找到二十世紀的農業考古遺物並不困難。農夫習慣把所有死掉的或無用的東西扔掉，通常是丟在如地窖般溼冷的灌木籬下。

我在入口處旁，開始用一根榛木樹枝撥弄籬笆下方。草場上，一些蒼頭燕雀慘兮兮地啄著地面，尋找落單的花草種子。在草場的灌木籬上築巢的那三對蒼頭燕雀整個冬天都不會離巢太遠。從斯堪地那維亞飛來的雌鳥之後會加入他們；那些雌鳥的配偶則繼續留在北國。林奈給這種鳥取了一個拉丁學名 *Fringilla coelebs*，*coelebs* 的意思是「單身漢」，因為林奈在故鄉瑞典只有看見雄性的蒼頭燕雀，生於北方的雌鳥已經往南飛了。蒼頭燕雀原本是樹林中的鳥。但，灌木籬其實不就是直線型的樹林嗎？

我在青苔和層層的黑色枯葉之中找了兩分鐘，找到了第一個寶藏。是個長長的金屬零件，光澤雖已隨著時間變得黯淡，卻還沒老舊到完全看不見麥西牌農業機具的紅色塗漆。這個東西我換過很多次，馬上就認出來了。這是一九七〇年代壓捆機輸送帶的保護裝置。

我彎下腰，撥弄枯葉的殘骸，樹枝敲到一件東西，發出墓碑般的沉悶聲響：是一支褐色的蘋果酒空瓶。「布爾默詩莊堡，請歸還」。附近還有另一支。跟一個白骨般的陶製菸斗柄。

這裡是灌木籬的西側，十分陰涼，也正是我們休息吃午餐的地點。我們和世世代代的農務工作者一樣，坐在斜斜的樹蔭下。太陽底下真的沒有新鮮事。

草場心情不太好。嚴肅、乏味。河岸的赤楊是一片冷颼颼的紫色塗鴉。沒什麼可看的，除了三隻白鶺鴒。他們是視線範圍內唯一的生物，帶來了小小的喜悅。

當然，心情抑鬱的其實是我。大地只不過是反映出天氣和人類的情緒。

二月九日

青山雀在午後的陽光下吹哨子，發出蹺蹺板的短促尖銳聲。榛木的葇荑花序一團蓬亂。呈現布朗運動[2]狀態的蚊蟲飛過金黃的草場。

夜裡，我用巨大的頭燈照過整片草場，照到了在果林土溝附近吃東西的兔子的粉紅色眼睛。兔子沒有被驚擾；其中一隻正用下巴磨地面，利用會散發氣味的下顎腺體標示自己的地盤。二月是兔子主要繁殖季的開端。

不過河岸兔穴的兔子數量從來就不多，從裡面冒出來的成兔不曾超過七隻。這是身分地位低落的兔子居住的洞穴，他們是被逐出團體的賤民階級，住的地方過於靠近矮林裡的狐狸窩。兩地僅相隔五十碼。

和筆直的道路、中央暖氣系統以及梨子樹一樣，兔子也是跟著羅馬人來的，打那時起就已經出沒在英國鄉間。兔子的數量在一九五〇年代達到五千萬隻，因此人們用科學手法引進了黏液瘤病，希望能減少這個數字。這種疾病仍在局部地區肆虐，染病的兔子會雙眼暴凸流血，走起路來踉踉蹌蹌，彷彿是從愛倫坡的腦海走出來的。

然而，果林河岸的兔子不靠黏液瘤病來進行優生學；掠食者和天氣控制了他們的數量。

二月十三日

早上下著一陣陣的雪。

一隻渡鴉飛過，發出低沉的呱呱聲。渡鴉展翅的寬度為四英尺，所以他那陰森的影子總會讓大地變得寒氣逼人。經過矮林時，一隻松鴉在林間對我大叫。(他嚇了我一跳，這證實了喬叟在〈律師的故事〉裡所寫的：「你像松鴉般吱吱叫。」) 一隻鷦鷯發出斷斷續續的警示鳴叫聲，「特可特可」的聲音在赤裸的枝椏間彈來彈去。

我看著他飛進灌木籬的一叢冬青。另一隻鷦鷯感激地加入這個庇護所。接著又一隻。他們把體熱聚在一起求生存。

二月十四日

情人節，喬叟認為這是鳥兒許配終身的日子。他在一三八一年左右寫成的《眾鳥之會》中，想像在這個象徵愛情的日子，鳥兒會齊聚一堂。至於大自然：

我們這位風姿綽約的高貴女王
下令每隻鳥在自己的位子坐好
就如牠們年復一年不變的習慣
總在聖瓦倫丁的日子相聚期盼

……

在這集會之地，你可以找得到
這世界上任何一族、任何一種
擁有各色羽毛及各式形態的鳥
在高貴女神大自然的跟前打躬
牠們個個使盡渾身解數獻殷勤

望能獲得女王首肯，順利迎娶
一位美嬌娘，成為自己的伴侶

就在這個時候，草場那頭有兩隻林鴿振翅高飛，接著像兒時玩的紙飛機一樣滑翔而下。這是他們的求偶舞。他們重複這個動作四次，翅膀上的白條紋如閃電般劃過洶湧的烏雲。

仔細想想，草皮其實就是被囚禁的草地。英國人十九世紀搬離鄉間，到工廠與城鎮工作時，無法忍受離開鄉土的根，於是在自家後院造了一塊類似的綠地。

唉！現代的草皮根本沒有野生動物。大部分的草皮都是綠色沙漠，泡在化學物質裡，只長了幾種草，夏天時每星期就修剪一次，理成呆笨的樣子。但在中古時期，草皮比較像草地，是「長滿花的草坪」，充滿芳香的野花、香草和青草。

這些半野生的美麗草皮是中世紀生活不可或缺的一部分，功能被發揮得淋漓盡致，可在上面散步、跳舞或坐著。在沒有什麼隱私的房屋和城堡中，草皮也是讓愛侶可以不受打擾傾訴愛意的完美地點：

他用野花鋪了張美麗柔軟的床。任何走過的人都將會心一笑，在雜亂的玫瑰旁他將看見，塔達拉滴[3]！我的頭枕在哪裡。

倘若有人知道他和我睡在一塊兒（但願上帝不讓這事發生），我肯定要羞愧不已。但願沒有任何人會知道我們在一起做了什麼事，除了我們兩人和一隻小鳥之外，塔達拉滴！牠可以保守祕密。

德國抒情詩人瓦爾特・馮・德・福格爾魏德（約一一七〇—一二三〇年）

在長滿花的草坪上，花兒除了美，還具有象徵意義。黃花九輪草是聖母馬利亞的鑰匙；雛菊是純潔的象徵；勿忘我是聖母馬利亞的眼睛；毛地黃則象徵聖母馬利亞的手套。

我要坦白一件事：這時的下草地一點也不美。今年的第一批花還沒出現，草很稀疏、了無生氣，只有馬兒在秋天排泄過的地方長出一些茂盛的早熟禾草。來到馬兒的廁所附近，就連綿羊也會趕緊把鼻子抬高。草場的綠意這時相當低調。如果還能稱得上低調的話。草跟鬍渣一樣短，地面全是羊蹄踩成的爛泥，還有鼴鼠丘以及大自然不知為何無法分解整平的馬糞堆。聚光燈般的陽光對草施以酷刑。在周圍的土壤之中，每一片葉子都清晰可見，就像地球的毛囊長出的毛髮一樣。幾乎沒有葉子長超過三點二五公分，而且每一片都長得一模一樣。在這個季節，很難區分不同種類的草。但是為何有幾片葉子被極其微弱的風吹得顫抖，其他的卻不會？

花了一點心力後，才辨識出毛茛初長的小小葉子、苜蓿的迷你棒球棍、酸模與蕁麻的迷你盾牌。在整個山谷裡，有些草場已經變成亮綠色，如桌面般光滑。這些草場都潑灑了氮。你要怎麼批評人工肥料都行，但你確實能得到漂亮的綠色草地。

我早上在「撿便便」（這是養馬的人愛用的婉轉說法），也就是把馬的排泄物鏟到曳引機後面的箱子裡，再丟到糞肥堆上。

一群寒鴉在藍綠色的天空中玩著他們自己發明的遊戲。小小的斑葉疆南星（*Arum maculatum*）破土而出，見到了陽光。

二月十五日

日出合唱團在早上六點四十五分開唱。鶇火力全開；在小翠蘭登的背景中，則有寒鴉的歌聲。

接著，開始颳大風下大雨。悅耳的狂雨之歌。草場一片荒蕪，不見任何鳥獸的蹤影。艾斯克里河在夜晚咆哮。

二月十七日

艾斯克里河現在比較安靜了；河岸樹叢下，水田鼠的地道遭最近暴漲的溪流無情地暴露出來。河床底部一條一條的，像用鋼絲刷刷去了所有的泥沙、水藻和殘渣，變成閃閃發光、紅綠相間的岩床。吸一口氣，我幾乎可以從水流上方聞到令人精神為之一振的純氧。

矮林旁，一隻沒注意到我的雄烏鶇丟開皮革般粗硬的榛木葉，尋找一丁點的食物果腹。形單影隻的雄雉雞在採石林的赤楊上啼叫。傍晚的天空宛如高高的圓頂，沒有一朵雲；玫瑰色的光芒照耀在梅林丘的山腰。

二月十九日

晚上從菲莉妲的親師座談會開車回家時，車燈照到路上一些蒼白的落葉。但那原來不是落葉，而是數百隻青蛙的白色頸部。他們盯著前方，非常安靜。開下農場的車道也同樣地散布著一臉茫然的青蛙。佩妮小心翼翼繞過坑洞和青蛙；四百碼的車道花了五分鐘才開完。即便如此，還是難免會碾到一些青蛙[4]。

順利抵達屋子的青蛙也還有三百碼要走，才能到達下草地的土溝兼池塘，也就是他們習慣的繁殖地點。

二月二十二日

下草地的土溝晚上聽起來像是煉鋼廠，交配季的青蛙發出很大的噪音。

二月二十三日

蟾蜍也開始移動到他們祖傳的產卵地點。

喬治・歐威爾在〈關於蟾蜍的一些想法〉中表示，青蛙的親戚蟾蜍在大地甦醒、氣溫升高後從冬眠狀態醒來，是春天來臨最迷人的徵兆。他注意到，和雲雀或報春花不同，蟾蜍「從未受到詩人讚揚」，還說冬季沒有進食的蟾蜍讓他們擁有「非常靈性的樣貌，就像大齋期快結束前嚴守教規的英國國教徒」。無論是因為情操高尚，抑或是腦袋空空，蟾蜍爬往產卵地點時，比青蛙還更不在乎自己的性命。

到了早上，路上每隔一碼就會看到長滿疣的蟾蜍被壓扁的屍體。但在沒有車子的地方，蟾蜍存活的機率很大，因為他們會從皮膚釋放一種蟾毒素，趕跑掠食者。

一部分倖存的蟾蜍憑著一股無人可擋、絕不改道的熱血前往河岸地最低處的淺塘。他們十分高傲，不跟青蛙蠑螈共用下草地的土溝。

晚上時，我小心翼翼地走到長滿草的水窪。我將頭燈打開：到處都是成群結隊的蟾蜍。蟾蜍的性愛一點也不愉悅：公蟾蜍恣意地互相交配；至少有五隻在爭一隻母的，俗稱「交配舞會」；還有十來隻跨騎在石頭上。我將一根樹枝推到水裡，一隻蟾蜍猛地衝過去抱住，就連我把樹枝舉到空中也不放手。

隔天早上，兩隻母蟾蜍的屍體毫無生氣地躺在水中。在狂熱的交配過程中，她們被溺死了。

成功交配的產下了用果凍狀物質裹住的成串黑卵。

喬治・歐威爾是個被人低估的自然書寫作家。只要你願意，就會發現他的書中處處是自然，例如《上來透口氣》詳細描繪的林中植物。他將春天的民主平等描述得很正確：

重點在於，春天帶來的喜悅是每個人都能擁有的，而且不必花一毛錢。即使是在最骯髒的街道，春天還是會用某種徵兆告訴你它來了，無論是煙囪之間變得更藍的天，或是在遭到閃電戰轟炸的地點萌生綠芽的接骨木。

草場不是自然的產物，雖然它們的前身是，例如森林裡的林間空地和綠草如茵的高山草原。草地是人類用野生素材製造出來的。

如何製造草地：最早的草場是人類用石斧把樹林砍光砍出來的，樹木會被燒掉或是進行環刻，慢慢地死去。在這座長滿橡樹的山谷和其他地方，新石器時代的農夫一開始傾向在高海拔地區（大約在西元前一萬年的冰河期末期，隨著冰原退去，英國開始覆滿野生樹林，而高海拔地區的樹林最稀疏）或樹木倒下後冒出的林間空地製造草地。然而，這些石器時代的農夫是遊牧民族，草一旦被吃完，就會把他們的原始牛羊遷移到新的草地。

樹木還沒放棄：它們仍試圖要重新長出森林，派遣黑刺李和山楂到草地長出枝椏，或是空降果核果實，打算從內部進行破壞。

這座位居邊陲的山谷兩萬年來沒有太多變化，羅馬人剛把這座山谷成功納入建有堡壘的朗敦村界線之內時，有可能處理過歐爾弘河、曼諾河、艾斯克里河這三條平行河川沿岸的赤楊。一〇八六年，這座山谷正式在史書中露面，《末日審判書》有一個簡短的條目提到它：「拉奇的羅杰還有一塊名叫朗敦的地，位於埃威亞斯的界線內。這塊地不隸屬於城堡，也不隸屬於百區。在這塊地，羅杰有十一色斯特[5]的蜂蜜、有人在那裡時有十五頭豬，並擁有審判他們[6]的權力。」

換句話說，飼養在橡木林裡四處亂竄的豬，是這座山谷主要的農業活動。

要為這片草場估算年齡或至少推算它的起源並不困難。使用胡珀公式，可以算出將隔壁的果林農場分隔開來的灌木籬有六百歲，跟河堤沿岸的樹叢一樣老。這片草場曾有兩百年的時間是更大的一塊地的一部分，後來又再次被劃分：沼澤地的灌木籬是三百五十歲。瘦巴巴的北側灌木籬令人費解，只有一百歲。

動物和人類一樣，是這片草場的製造者：中世紀農夫的牛羊阻止了草場重新長成森林，並用自己的糞便為土壤提供養分。

二月二十四日

第一批青蛙卵已經下在「蠑螈土溝」——這是我們給下草地的類池塘取的名字。能夠孵化存活的只有寥寥幾個。這個地方有很多鷺鷥、狐狸等掠食動物。

青蛙卵的倒楣日很快就來了。二十七日晚間某個時候，一隻狐狸把狀似帶有斑斑黑點壁紙膠的青蛙卵拉到岸邊。然而，青蛙卵有很多坨——總共三十四坨，全部結合成一塊大陸——因此有些青蛙必能逃過掠食。

草地似乎困在冬天的靜滯狀態中。但是，空蕩蕩的草地向來處在一種等待的狀態，在盼著什麼。樹林自己自然而然就會繼續邁進。

編註

1 巴夫洛夫(Ivan Petrovich Pavlov, 1849–1936)，俄國生理學家。他以狗為實驗對象開啟制約反射(conditioned reflex)的研究，為心理學帶來深遠的影響。

2 布朗運動 (Brownian motion) 是一種廣泛物理學現象。這個現象指出，液體或氣體中的微小粒子（例如花粉的微粒）因為受到周圍分子不平衡的碰撞，因此會不停地進行無規則運動。

3 原文作 tandaradei，夜鶯叫聲的擬聲詞。

4 原文作 *Rana temporaria*，也稱為歐洲林蛙，陸生為主，常居於陰暗潮溼的環境，從英國到俄羅斯中部都可見到牠的蹤跡。

5 色斯特 (sester)，液體容積單位。一色斯特大約等於兩品脫。

6 指佃農。羅杰擁有自己的法庭，可以直接聽取佃農的申訴。

三月

獾

Badger

三月五日

所有的鳥都在高聲歌唱。一隻啄木鳥正在敲打山谷底部那棵死掉的榆樹，彷彿是被人上緊了發條，接著放開。一隻雲雀振翅飛越草地，今年第一次唱起宣示地盤之歌，就像一只風箏繫在隱形的線上。

三月六日

一隻嘴裡叼著樹枝的鵟鷹飛過我頭頂。

更多的雪從北方平刺過來，在高山的石楠紅髮上留下一條條紋理。就連在灌木籬底下，也只有山靛願意開花（而且開的花毫無生氣），整片草場又回歸冬眠狀態。

不是完全冬眠。獾在挖山靛根，還曾試圖從兔穴上方闖入，餓得想找小兔崽來填飽肚子。

在一天將盡之時，我站著聽風匆匆奔過白色大地。

三月九日

第一批報春花開了，自殘雪中冒出來，迷人地坐在果林土溝旁，好似太陽的指引燈塔。報春花是草地上最早開花的植物。我知道今天像什麼。像春天的第一天。我聞得出來。灌木籬底下的羊角芹和蕁麻要長出來了。

然而，有很多比我的鼻子更可靠的指引，告訴我們春天即將來臨。鼴鼠就是一例。

自古以來，人們就喜歡把鼴鼠擬人化。新教信仰堅定不移的威廉三世在漢普頓宮騎馬時，因為坐騎被鼴鼠丘絆倒，使他落馬摔斷了鎖骨，三個星期後在一七〇二年三月過世。信奉天主教的詹姆斯黨人非常高興，舉杯為「穿著黑絲緞的小紳士」致意。創作《柳林風聲》的肯尼斯・葛蘭以及《搬土的鼴鼠》的艾莉森・厄特利不過是忍不住將鼴鼠擬人化的其中兩位兒童文學作家。厄特利將書中的鼴鼠取名為 Moldy Warp，是源自古撒克遜語用來稱呼鼴鼠的詞 moldwerp，字面意義是「搬土者」。鼴鼠確實會移土，每個小時移動十公斤左右。他們會將棄之不用的土垂直推出去，形成我們熟悉的鼴鼠堆（其實不是完全垂直，而是四十五度角，就跟礦工的礦坑一樣）。鼴鼠每次值班四小時，和蘇聯的斯塔哈諾夫運動[1]一樣。你看，我也開始擬人化了。

故事書沒告訴你的，是鼴鼠的貪婪，他們會急匆匆地走在地底隧道，吃掉不幸掉進隧道的蟲子。鼴鼠隧道一點也不可愛。這是一個龐大的管狀陷阱。在所有穿著黑色天鵝絨休閒外套的紳士之中，鼴鼠是吃相最難看的食客了。他會咬掉蟲的頭，接著用爪子擠出蟲子裡殘留的任何泥土，最後像吃義大利麵一樣，把他整條吸進嘴裡。鼴鼠會把沒吃完的蟲貯藏在某個地方。蟲子的頭被咬掉，又中了鼴鼠口水的毒，因此雖然還活著，但卻動彈不得。

兩年前，在這片草場，我挖了一個洞要放置一根新的門柱。鐵鍬劈開紅黏土（黏土非常緊實，因此洞的剖面平滑得閃閃發亮），在兩英尺深的地方挖到一個恐怖的空間：鼴鼠的糧食貯藏室，裡面有數以百計纏繞在一塊的蟲蟲。那時已經很久沒下雨了，所以我猜測，鼴鼠在這裡存放這麼多肉品，是為了預防蟲子鑽得太深，他會找不到蟲吃。

有些蟲已經回天乏術了。你以為草場生機盎然，這樣想並沒有錯，但它同時也是一座巨大的墳場。我曾經把死去的羊葬在草場上，並在為柵欄木樁挖洞時，知道前人也曾這麼做。除此之外，還有那些死在巢穴的野生動物。

數千年來，就在這個邊界地帶、甚至很有可能就在這片草地，入侵者與定居者、執法的和偷盜的時有衝突打鬥；要好好打一架，必須要有足夠的空間，所以我們才會說這叫戰「場」，和草場使用了同一個字。撒克遜人起初在這裡往東六英里的地方放棄了殖民行動，但後來又在七四三年燒毀整座朗敦鎮，到十世紀時勢力範圍已超過奧法堤。維京人在九一五年騷擾這座山谷；維京人和北威爾斯親王格魯夫菲德・埃普・利維林率領的威爾斯人在一〇五五年肆虐搗亂；諾曼人花了三年才成功鎮壓住這個地區的麥西亞國王埃錐克；其後，諾曼人把這個不安寧的地區交給了華特・德・拉奇，德・拉奇用自己的名字命名埃威亞斯拉奇，也就是後來的朗敦。朗敦 (Longtown) 這個名稱來自它特殊的單街道聚落型態。德・拉奇和他的子嗣建了一座城堡，他們是九十個「邊界領主」當中的一個，負責保衛邊疆地區。然而，他們保衛邊疆保衛得不是非常成功，這座山谷經常遭到偷牲口的威爾斯人滋擾。

那段時期的記憶仍殘存在當地人心中。無論是克拉達克教堂的厚重橡木門，或者是綁得很牢的柵欄，東西只要蓋得好，到現在依然會被這樣稱讚：「這抵禦得了威爾斯人。」在赫里福德的教堂周圍以弓箭射殺威爾斯人至今仍是合法的。

威爾斯人的偷盜狀況持續數百年後，英格蘭正式將這塊邊界之地納入勢力範圍內，人類的暴力衝突才逐漸趨緩。然而，血腥並沒有完全離開這片土地。內戰期間，一支蘇格蘭議會派的軍隊在當地紮營，接著圍剿赫里福德。帕里家族和其他赫里福德郡的家族不同，大力支持克倫威爾，其中一人甚至成為新模範軍的騎兵上校。

在荒涼的十一月天，有時候仍聽得見打仗的叫喊聲和馬蹄踩過艾斯克里河岸砂礫的聲音。那些死去的人都被埋在哪裡？可能就在這溪畔草場，因為這裡的黏土壤相對容易挖掘，而鑿不開的砂岩位在墳墓底部更深的地方。

英國的輕柔草地是一座又一座的人獸之墓，以綠草為頂。

今天，在這血紅色的大地，小小礦工正充滿幹勁地做自己的事。較高的那側約有四分之一英畝的土地布滿了鼴鼠丘，讓我不禁想起詩人古柏[2]是如何描述大批鼴鼠出沒的草場：

每一步
都會陷進鼴鼠堆起的
綠色柔軟小丘。

我踮著腳尖小心翼翼，走到離一隻挖洞中的鼴鼠不到十英尺的地方，他正在一座小丘的中心，火山噴發似地將泥土扒出來。有一次，在我還小的時候，我把耳朵貼在爺爺奶奶果園裡的一個鼴鼠地道上方。耳朵貼在地面彷彿等了一輩子之後，我聽見了爪子急促快跑的聲音和遠方的吱吱叫。今天，當他把一堆土扒出洞口時，我一時之間看見了那對爪子，張得開開的特大號爪子，就和人類的手掌一樣是粉紅色的，但卻有著萬聖節巫婆的長指甲。一個動來動去的肉色鼻子也隨後在陽光下探出。這隻鼴鼠應該是公的。公鼴鼠有一種必須把地道挖得非常筆直的強迫症。這隻正在往草場中心挖土丘，所有的小丘幾乎可以用尺連成一條直線。他的瘋狂舉動是非常有條理的：他的挖掘路線和土溝滲水到草場上的路徑平行。他挖的恰恰就是土壤柔軟好掘、卻又不至於會讓地道淹水的地方。由於三月是繁殖季的開端，所以他正在瘋狂挖地道，要尋找配偶。鼴鼠在三月到五月間繁殖，因為日光時間變長或大地回暖，導致母鼴鼠的費洛蒙激增，便開始發情吸引公鼴鼠。母鼴鼠的孕期為四十二天，最後會在鋪滿草的洞穴產下三到六隻沒有毛的鼴鼠寶寶。

交配後，公鼴鼠會去尋找其他未交配的母鼴鼠。他們若在地道中碰見其他公鼴鼠，就會展開角鬥士般的戰鬥。所以，草場的上下確實都存在著血腥暴力。

老實說，我之所以觀察起鼴鼠來，是因為這比我原先要做的工作容易多了；我本來打算要幹的活連薛西弗斯都會哀哀叫。我試著耙平一些鼴鼠丘，否則到了割牧草的時期，土丘會混進草裡，汙染牧草。

我當然可以叫抓鼴鼠的來，但是我挺喜歡他們的，深信他們把土壤的排水和通風做得很好。比較不那麼高尚的理由是，我懷疑抓走一隻鼴鼠後，又會有另一隻占據他的地盤。

自從二〇〇六年開始禁用番木鱉鹼殺鼴鼠後，舊時的捕鼴鼠人又回鍋了。有一位來拜訪過。他那閃閃發亮的黑色貨車無法掩飾他的動機。他帶著濃濃的威爾斯谷地腔，告訴我他能夠用棍子打死鼴鼠。乾燥的鼴鼠皮可以用五十分的價格賣給飛蠅釣的漁夫，用來製作釣餌。所以，和一九二〇年代的生意不太一樣。在那時，捕鼴鼠人會穿鼴鼠皮褲子，每年會有一千兩百萬張鼴鼠皮運到美國，製成高檔服飾。

我沒有告訴這位坐在殺手貨車內的捕鼴鼠人，我總是會把捕鼴鼠人和《飛天萬能車》裡那個抓小孩的角色搞混。我也沒告訴他，他光是提到他是做什麼的，就會讓我想起英國田園詩最恐怖的四行文字：

我看見小鼴鼠隨風輕輕搖擺
牠被吊在所有的草地僅存的唯一老柳樹上
大自然掩面不看牠們被綁在鏈條上輕輕晃
只能靜靜低聲抱怨不敢張揚

約翰・克萊爾在這首〈記得〉裡，直接將使用捕獸夾捕捉鼴鼠、並把他們的屍體吊在樹上展示的這種殘忍，比做英國鄉下窮苦人家因為圈地運動所遭受的痛苦。

我很清楚我同情誰。

不管怎樣，我們哪需要這些捕鼴鼠人？我們有傑克羅素犬史努比呀。史努比訓練了拉布拉多犬和邊境㹴犬把鼴鼠挖出來。當然，他們挖土對草地造成的傷害比鼴鼠挖土還大。有時候，狗狗會把死鼴鼠帶進家中當作送我們的禮物，一團用黑絲緞包裝起來的肌肉。

我繼續把鼴鼠丘夷平。接近草場時，有兩隻加拿大雁飛過頭上，他們圓潤的叫聲把遠處冷杉上的渡鴉搞糊塗了，也叫了一聲回應。草場上，一隻去年夏天誕生的年幼鵟鷹在毛毛細雨中對周遭事物渾然未覺。帝王也會墮落。他正在吃蚯蚓，而我並不認為說他看起來一點也不開心是我們人類自己的想像。他不開心，因為自己竟然跟鼴鼠一樣，撿拾這麼低等的生物來吃。吞啊，吃呀，快快跑去吃下一條蟲。吞啊，吃呀。左看看右看看。快跑。吞啊，吃呀。從用餐方式來看，他比較像火雞，而不是猛禽。但，外表會騙人。鵟鷹的胸膛和鶇一樣布滿斑點條紋，但在那之下卻是一條比一般猛禽還要長的腸子。這就表示，鵟鷹可以從蚯蚓這種寒酸的飲食中攝取最大值的營養。

聽說，鵟鷹和小辮鴴一樣，會在草場上跳搖擺舞的花招，腳步聲聽起來就像下雨。於是，上當受騙的蚯蚓會鑽到表面，被「跳舞的老鷹」給吃掉。我只知道，又有兩隻鵟鷹從採石林飛出來，折腰吃蚯蚓。

英文裡，一群鵟鷹被稱作「守靈者」，我覺得取得相當合適。

三月十三日

土溝裡的青蛙卵開始孵化成蝌蚪了。這些青蛙的幼體在英文裡又被稱作 polliwog，是來自中古英語的 polwygle 這個字，分別由意思是「頭部」的 pol 以及「扭動」的 wiglen 所組成，準確描述了這些長得像精子的生物。

和大海一樣，赫里福德郡的紅土顏色並不一致。在土溝的堤岸、灌木籬的下方，乾燥表土呈現水煮鮭魚的粉紅色；在另一個帶有春天氣息、神清氣爽的三月天，玫瑰色的薄霧讓看似冒泡的鼴鼠丘呈現莓果的紫紅色，彷彿大地長出了果實。

天氣雖然冷得令人咬緊牙關，但氣溫肯定接近攝氏六度了，因為草若要「抽芽」，必須達到這個溫度，才會開始肆意生長。

春天的跡象有一些是負面的——比較和什麼出現無關，而是和什麼不見有關。田鶇開始在晚上往北遷移。約翰・克萊爾說這種鳥：

> 乘著冬神寒冷的雙翼來去，
> 對春神似乎毫無半點興趣。[3]

從現在到十月，草場的顏色將會不斷變化。三月十一日的另一場大雪也無法掩藏矮林中那些新興的天藍色櫟林銀蓮花，或草場上那三株勇敢的蒲公英。三天後，一隻紅尾熊蜂(*Bombus pratorum*)飛行在草的高度，穿梭在快速倍增的蒲公英之間。我追在他後面，看見他消失在沼澤地灌木籬底部的一個老鼠洞，就在落葉、黑色羊毛和直挺挺的綠色山靛之間。紅尾熊蜂毛茸茸的身體就像一件毛衣外套，當其他有翅膀的昆蟲無法忍受這種寒意時，他卻能飛來飛去。

黑刺李的花朵緊密簇擁在枝頭上，隨時準備盛開；當初冠在基督頭上的荊棘至今仍清晰可見。

我有將近一個星期沒去下草地了，雖然它離房子只有四百碼。我的視野被限縮在屋前的圍場，因為那裡有六十隻母羊準備產下羔羊。

生小羊只有兩種情況：流暢順利或困難重重。今年，我的手比往常花了更多時間在母羊的子宮裡，人羊都不是很舒服。我用乾草堆和鐵皮做了L形的棚子，讓母羊有地方躲避滂沱大雨。我也喜歡這個避雨的地方，大清早五點（以過往的經驗來看，這是羊最愛的生產時間）腦袋還不清楚時，在這裡玩猜生死的遊戲，試著在母羊體內猜出哪一支骨瘦如柴的小羊腿是屬於哪隻小羊的。我解開每一隻雷蘭羔羊、重新把他們擺好，讓這些黏呼呼的黃色膠囊一隻隻冒出來，再用乾草或布擦一擦。如果他們沒有抬頭咩咩叫……就要趕快搓揉、從鼻子吹空氣進去、用紅色的鼻胃管餵食初乳、噴紫色的藥劑在臍帶上。

我們的羊都有名字，有些純粹是為了幫助記憶羊的顏色、種類或生日而取的，有些則是根據某個真實或虛構的人物，或是某種人格特質：巧克力、煤灰、鬥片兒、酥餅、毛衣、跳跳（這還用說）、瓦倫丁、泰絲……。和我們住在一起，你就一定會有個名字。

有一隻弱小的羔羊是死胎，還有一隻出生後數小時便死亡。為這兩個沒能夠活下去的小生命，我閉緊雙眼哀慟不已。沒有什麼比剛出生的羔羊更純真的了；羊兒的子嗣被基督徒當作耶穌的象徵，不是沒有道理。上帝的羔羊。

所有的雪特蘭羊和赫布里底羊在這方面仍然具有野性，輕輕鬆鬆就生好了。捲毛的黑色羔羊十分漂亮，幾分鐘就會走路。不，遠古時期的母羊令人疲憊的習性並不是她們的生產技巧，而是她們當媽媽後捉摸不定的性情。

有東西晚上跑進圍場，讓母羊小羊瘋狂咩咩叫。不到幾分鐘，我就戴著頭燈出去，而入侵者已經離開。有一隻剛產子的赫布里底羊跑掉了，拋下自己的雙胞胎寶寶。隔天是個沾滿油膩羊脂的灰暗日子，我花了一整天試著讓她和小羊重新建立感情，最後只得抓住她，把她關在很小的地方讓她無法轉身，接著把小羊放進去吸奶。但她只是一直跳上跳下的，在小羊還沒被她踩死之前，我將她放走，用奶瓶餵養小羊。

他們住在客廳的一個狗籠裡。用奶瓶餵大綿羊並非壞事，因為等他們長大後，看到食物就會過來。其他的綿羊也會跟著仿效。

三月二十一日

傾盆大雨。房屋地的馬匹背對大雨站著，羊兒不是在灌木籬下，就是緊緊靠著乾草堆。那隻紅尾熊蜂一定很開心自己從老鼠手中搶走了那間屋子吧。在下草地，我看見一小群孤單的白眉歌鶇在榛木上，眉頭的奶油色條紋和脅腹的橘紅色羽毛相當吸睛。我靠近時，他們飛上天，時而向左滑、時而向右滑，像喝醉了一樣搖晃不穩。

他們在這兒待了一整天。二十三日，我在滿天星斗下檢查羊群時，聽見白眉歌鶇的「嘰嘰」聲。隔天，農場上已經沒有白眉歌鶇了。他們去了北方，回到斯堪地那維亞的故鄉。

母羊生產結束後，我們到倫敦過一晚，拜訪我的小姨子。回到家後，新鮮的空氣令我振奮，山泉水喝起來比加氯的水棒多了。

此外，大地也賜給我許多福氣。在令人精神抖擻的陽光下，我撿了蒲公英要做蒲公英農村酒。蒲公英是太陽的花，臉會跟著太陽轉。就像迷你的核熔爐。

法國人在這方面較為務實，至今仍稱蒲公英為「尿床草」，點出了它的利尿特性。對小時候的我來說，蒲公英是「時鐘」，吹蒲公英的種子可以知道時辰、洞悉未來。沒錯，從某方面來看，蒲公英確實可以告知時間：它們和脆弱、白色的櫟林銀蓮花一樣，夜晚會闔上花朵。

蒲公英並非一直都是雜草。在維多利亞時代，王公貴族的圍牆花園會種植蒲公英，放入精緻的三明治裡享用。

接著，夜靜了，蒲公英也闔眼了。

山谷某處傳來一聲狗吠，另一隻狗跟著吠，然後又是另一隻。狗吠聲的連鎖反應一路從克拉達克傳到了麥克卻爾屈艾斯克里。他們大概剛剛都在看《一〇一忠狗》。

三月二十五日

在草場周圍的灌木籬中，黑刺李的第一批花綻放花瓣，形成嬌滴滴的白水晶。然而，即使在這樣如詩如畫的場景中，舞臺的焦點仍離不開那毛毛細雨。這種小雨可以滲進每個角落的一切事物。我在灌木籬下坐了一個小時，不斷擦拭望遠鏡，觀察一隻雄鷦鷯在沼澤地的灌木籬上築巢。他把一株株的草帶回家，降落在柳枝上後做出他的招牌動作，神氣地翹著尾巴。他拍了幾下翅膀，又飛走了。灌木籬雖然還沒有長葉子——離那時候還遠得很——但是去年生長的枝葉以及修整圍籬時剪下的枯枝落葉仍困在裡頭，因此掩護了他的巢穴。他也可以築其他巢，展示給任何進入他地盤的雌鳥。如果雌鳥喜歡他的家，就會搬進去，裝潢裝潢，然後替他生小孩。想釣個英超足球員當老公的女人也沒有這麼膚淺。

告訴你，雄鳥可不是多有道德情操。安頓好了一隻雌鳥，就會馬上努力引誘另一個美嬌娘進駐他的其中一個空巢，讓她也生下自己的後代。這隻小雄鳥接著會在不同的家庭之間往返，就像一九三〇年代出產的驚悚片裡那個擁有眾多妻小、旅行各地招攬客戶的商人。

「鷦鷯」的英文 wren 源自盎格魯－撒克遜語的 wrœnno，意思是「淫蕩的」；這個盎格魯－撒克遜語和丹麥語的 Vrensk 有關，意為「未閹割的」。這種鳥的拉丁語名字就沒這麼有趣了——Troglodytes，通常翻成「住在洞穴者」，雖然「跳進坑洞者」（trogle 意思是「洞」，duo 則是「跳進去」）產生的效果更好，更能準確描述這些偷偷摸摸的鷦鷯。

令人匪夷所思的是，這些好色卻無害的小鳥怎麼會被人討厭。在愛爾蘭的某些地區，至今仍有獵鷦鷯的傳統。在過去，一群小男孩會在十二月到鄉村捕捉或獵殺鷦鷯，接著帶著鳥的屍體遊街，一邊唱著：

鷦鷯啊鷦鷯，你是所有鳥類的王，
受困金雀花中，紀念聖人斯德望[4]；
來呀，給我們滿滿一杯酒或蛋糕，
一枚硬幣也好，為了慈善行行好。

今天，人們使用鷦鷯的立牌來代替。

鷦鷯會成為受害者，似乎是源自一則傳說。傳說中，鷦鷯在英國基督徒聖斯德望要逃獄時，通知了獄卒。其他民間故事也有說到這種鳥發出警告、導致事跡敗露的行為。十七世紀時，據說鷦鷯在鼓上跳來跳去，使克倫威爾察覺到愛爾蘭人的偷襲行動。鷦鷯的警示聲聽起來像打擊樂器，因此在德文郡，這種鳥也被叫做摑摑鳥（crackil or crackadee）。

令人驚奇的是，這麼小的鳥居然可以發出這麼大的噪音。科學顯示，鳥類並沒有喉，只有一種稱作鳴管的器官。鳴管比我們的喉和聲帶更能有效產生聲音。鳴管幾乎能夠振動所有從鳥的肺部排出的空氣，但人類的聲帶僅僅能運用通過之氣體的百分之二。除此之外，鳴管還可以同時產生兩種聲音（一邊產生一種），稍微解釋了鳥鳴聲如此複雜的原因。

然而，聆聽雄鷦鷯調音與科學沒有關係。很少有鳥可以像鷦鷯一樣，能在冬天遲遲不離開的溼冷三月天驅逐寂寞。在一個類似的日子裡，華茲渥斯遇見一隻歌聲甜美的鷦鷯：

大地令人不適，內在吹著微風，
此地哭哭啼啼，吞吐沉重氣息，
從那沒有屋頂的牆面，顫抖的
常春藤滴落大顆水珠——但是，
有隻看不見的鳥兒在陰鬱之中，
對自己唱起甜美的歌，讓我能
把這裡當成家，永遠住在此處，

聆聽這美妙樂音。

許多鷦鷯都會建立冬季地盤，就像現在這一隻。鷦鷯長長的鉗狀喙可以幫助他們在林地的枯枝落葉中吃到極小的蜘蛛和昆蟲（長眠的鷦鷯整個看來就像鳥喙）。有灌木籬的潮溼草地是個還可以接受的林地替代方案。因此，一隻雄鷦鷯正在蠑螈土溝邊的柳樹上建造豪宅的同時，草場的河岸邊也有另一隻在辛勤工作，因為那裡有群樹環繞著岬，霜也不會總是讓大地硬如鋼鐵。

雖然下著雨，雄鷦鷯仍此起彼落顫聲鳴唱；雖然下著雨，全英國的鷦鷯都已準備好要築巢。一千七百萬隻的每一隻。

三月二十六日

沼澤地灌木籬底下的植物：毛地黃突生的兔耳、羊角芹、蕁麻、已經開出紫色小花的連錢草、開出白花的山靛、開始爬上山楂與榛木的豬殃殃、基部像海星的薊、尚未展開的斑葉疆南星。灌木籬乾燥的底部有一堆小小的田鼠洞;灌木籬的底部長年累積枯枝落葉,因此地勢較高也較乾燥。在矮林間和草場上,黃色的榕葉毛茛開始閃爍。

「喀哩——喀哩——」,荒野之聲。幾天以來,我一直豎起耳朵聽他們來了沒。終於在二十六日的這天下午,他們來了,一邊飛過風中,一邊對已逝的靈魂發出憂傷的叫聲。杓鷸回家了。我覺得很好玩,這些杓鷸和赫里福德人相反,在西威爾斯過冬度假;赫里福德人則是夏天才會到西威爾斯度假。

我像煩惱世界末日一樣心繫杓鷸,彷彿讓地球轉動的,是他們遷移時拍動的翅膀,要是他們不再出現,我們就會進入生態末日。但他們回家了,回來繁衍後代。杓鷸在繁殖季節不喜歡群居,每一對佳偶都需要很多空間。在過去,有一對把巢築在靠近路邊的草場上,還有一對住在下草地——在四十英畝的土地上,這是遠到不能再遠的距離了。

一隻雄杓鷸四處滑翔,表演冒泡般的顫音鳥囀。不過兩天,他已找到了伴,兩隻鳥在下面的草場上繞圈圈，宣示自己的領土。我們強烈喜愛杓鷸縈繞不去的笛音。對我們而言，那不只是荒野之聲或是精靈對亡者的呼喚，也是我們的專屬報春佳音。

杓鷸大約可以活五年，他們是習慣住在同一個棲地的生物。草地上那對杓鷸的其中一隻很有可能是在這裡誕生的，而他的父母也是。他們飛到天上，又開始叫了。如果將杓鷸的英文名 curlew 重音放在第一個音節，念起來幾乎就像他們叫聲中那拉長的倍全音符。

霜。非常嚴重的霜，讓草白得就像海底的藻類。掙扎著不落下的低垂太陽將溪邊的樹木照出又高又扁的陰影，幾乎橫越整片草場。

霜上有小徑，是動物踩出的鮮綠道路。兔子之前曾小心翼翼進到草場，沒入草中，再回去岸邊的兔穴。

然而，有些動作不夠快。在這散發完美珍珠光芒的場景中，可以見到一綹綹灰綠色的兔毛。還有斑斑血跡。我朝矮林走去，這裡的霜依然冷得發亮。我找到狐狸鬼鬼祟祟的足跡，他的後腳精準地放在前腳的足印上。

我猜，公狐狸帶了一份禮物給正在哺乳的母狐狸。我那天傍晚看到他快步走到河岸地，接著又折返回來，迎風走進薄暮。（我覺得我從來沒看過狐狸走路，只有他們在跟蹤獵物時除外；他們就像所有十歲以下的拉布拉多犬，總是到處跑。）

我幾乎認不得他。冬天的華美大衣不見了，正在換季的毛皮破舊粗糙。

蠑螈土溝的水又結冰了。一隻銀色的仰蝽 (*Notonecta glauca*) 被保存在一個水晶棺裡。暫時的棺材，永恆的死亡。最頂端的青蛙卵也被奪命冰霜裹了起來。

三月二十九日

蝌蚪的麻煩還沒結束。冰雪融化後，換鷺鷥出現，將快如閃電的尖喙插進他們的身體。然而，他一定是覺得變化莫測的滲水土溝很不舒服，或是蝌蚪太小，一點也無法滿足他。因為一兩分鐘後他就宣告放棄，拍著疲憊的雙翅飛走了。

鷺鷥有種原始的特質，身後拖著歷史。他緩慢地飛向果林時，叫了一聲，刺耳尖銳的聲音彷彿來自恐龍時期，嚇壞了本就憂鬱的天空。

蠑螈土溝裡倖存的蝌蚪緊靠在一起，用數量換得安全，除了幾隻勇敢無畏的冒險家之外，全都靠這一坨起起伏伏、毫不神聖的黑色團塊獲得救贖。

這招小羊做不到。

佩妮和崔斯坦回到家，報告他們看見上面的草場有一隻紅鳶停在鼴鼠丘上。但接著，他們發現那不是鼴鼠丘；那是一隻黑色羔羊，而紅鳶正在撕扯他。那隻小羊三十分鐘前還在快樂地奔跑。

我氣憤地走過冰冷刺骨的迷霧，發現紅鳶還在那兒，用嘴喙撕扯著。我走到三十英尺的距離時，他才飛起來。他馬馬虎虎地嘗試把羊一起帶走，結果只成功拖行了一兩英尺，接著便侮慢地朝黑山的高牆飛去。

披著捲毛大衣的黑色羔羊被開腸破肚，粉紅色的內臟外露。一絲絲白霧從他體內緩緩升起。

我抓著他的細長後腿，把他帶走。他那少了眼睛的笨重頭顱甩來甩去、扭曲變形，就像沒有用線操控的怪誕傀儡戲偶。

山巒再過去，就是紅鳶的山寨。曾幾何時，在中古時期的倫敦，紅鳶跟麻雀一樣常見，而且也比較受歡迎，因為他們找東西吃的同時也盡了清道夫的責任。經過獵場莊園管理員多年的迫害後，紅鳶被趕到威爾斯中部。到了一九五〇年代，紅鳶數量只剩下一百對左右。受到保育之後，他們的數量變多，活動範圍也變大了。

但是今天，我真希望高聳如壩的黑山可以擋得住那隻鳥。

三月三十日

這個月在晴空的燦爛光輝中結束了。

這是一個以銀色為主調的完美夜晚，月亮照亮大地，艾斯克里河停止騷動，如願靜了下來。舞臺右側，一縷白色幽魂出現，悄悄飄過草場。

是一隻倉鴞，學名是*Tyto alba*。他蒼白扁平的臉瞥了我一眼，毫不在意。倉鴞擁有舉世無雙的敏銳聽力。現在這隻正在用耳朵注意聽鼠類的吱吱聲，而不是用眼睛看他們的動作。飛到草叢時，他側飛右彎，折返回來飛越草場。倉鴞是屬於草地的鴞：他們使用位置不對稱的耳朵偵測聲音；草地上聽東西會比在樹林間容易，因為樹林會有很多窸窸窣窣的干擾聲。今晚，他的耳朵沒偵測到什麼，於是他便轉向飛往果林。下草地通常不是倉鴞的獵場，因為他比較喜歡農場上方更為開放的地勢。今年三月冷得特別久，他才不得已來這裡尋找獵物。

倉鴞有點令人發毛，這點無可辯駁。在鄉野傳說中，他們是魔鬼貓頭鷹或死神貓頭鷹。莎士比亞經常使用他們來達到戲劇化的效果，最好的例子就是《亨利六世》第三部的第五幕第六景，亨利國王即將在倫敦塔被殺死之際，他告訴壞人格洛斯特的理查：「貓頭鷹在你出生時叫了！」

月亮消失在妖魔般的雲朵後面。彷彿收到指令，倉鴞在果林暗處發出一聲宣示地盤的叫聲。倉鴞不像一般貓頭鷹那樣咕嗚叫。他們只會發出尖銳刺耳的叫聲，就像將死的孩子發出的痛苦哀鳴。

在艾斯克里河對岸的採石林，俗稱林鴞、常春藤鴞、褐林鴞的灰林鴞發出撫慰人心的一聲「吐伊」。

編註

1 斯塔哈諾夫運動 (Stakhanovite movement) 是蘇聯在一九三五年展開的集體生產力提高運動，後來演變成生產競賽運動。

2 威廉・古柏 (William Cowper, 1731–1800)，是當時最受歡迎的英國詩人之一。他以樸實、率真的筆法描寫日常生活與鄉間景色，因此改變了十八世紀自然詩的方向。

3 出自約翰・克萊爾《牧羊人的日曆》(*The Shepherd's Calendar*) 中的詩作〈三月〉。

4 聖斯德望 (Saint Stephen) 是基督教會首位殉道者。他反對耶路撒冷的聖殿與猶太教的獻祭儀式，並且在猶太公會面前堅守自己的信仰，因而遭到處死。每年的十二月二十六日是聖斯德望日。

四月

斑葉疆南星

Cuckoo pint

不祥的烏雲湧過山巒，風雨欲來的黑暗籠罩整片草場。有一個單獨的光點。四月二日的今天，草場上的第一朵草甸碎米薺（*Cardamine pratensis*）開了，淺粉色的花在漸大的風中點著頭。

一種花如果有很多地方俗名，表示很有可能是被人類拿來當作食物或藥材。草甸碎米薺至少有三十種英文俗名，包括小姐的襯衣、擠乳女工、小姐的披風、小姐的手套、杜鵑的鞋子等，大多點出這種花在杜鵑鳥出現時就盛開的習性，或是諷刺地提到這種花形似曬衣繩上女性貼身衣物的樣子。方言所說的草地辣米菜是這些別稱當中最實用的，因為草甸碎米薺細如針的葉子吃起來帶有胡椒味，可在中古時期的市集攤販上見到。沒被人類吃掉的話，草甸碎米薺就成了紅襟粉蝶幼蟲的食物。

草甸碎米薺和另一種完全不同的植物斑葉疆南星共用了同一個別名「綠帽子的那根」(cuckoo pint)。斑葉疆南星的俗名全都十分挑逗下流。傑佛瑞・葛里森[1]在他的書《英國花草》中就列出了多達九十個斑葉疆南星帶有性暗示的別稱，像是：綠帽子的那話兒、狗的那話兒、國王與皇后、牧師的圓帽、公馬與母馬、醒著的羅賓（中古時期使用的貶義詞，相當於現今的 dick，都是用來指陰莖）。這些名字都是英國鄉村的黃色幽默。

這個植物閃閃發亮的戟形葉（有著水痘似的醜陋黑斑）已經在灌木籬出現一個月了，但是現在它那狀似陽物的褐色肉穗花序才……腫大起來。它是灌木籬的遛鳥俠。溫暖的日子很快就會到來，蚊蟲屆時受到肉穗花序飽滿的味道所吸引，就會被困在顯露出肉穗的外部「苞片」之中。蚊蟲會幫躲在裡面的花授粉，之後則會在秋天長成外表豔麗的橘色毒莓果。到了晚上，苞片會鬆開，讓蚊蟲逃出。

斑葉疆南星的塊莖在過去曾被拿來做成愛情魔藥。約翰·李利[2]在一六〇一年寫成的劇本《愛情變形記》中，有一個角色的臺詞是：「他們吃了很多醒著的羅賓，為了情愛徹夜未眠。」無論斑葉疆南星在中古時期的壯陽效果如何，這種植物的塊莖若調理烹煮得當，可以做成一種類似竹芋粉的東西，商人稱它為「波特蘭西谷米」，是製作「沙露普」的主要原料。在咖啡和茶出現前，沙露普是很受工人階級歡迎的飲品。

根據吉爾伯特·懷特的記載，鶇鳥會在嚴寒的雪季吃斑葉疆南星的塊莖，其莓果也有好幾種鳥會食用，尤其是雉雞。沒有動物會碰它的葉子，因為葉子受傷後會釋放氫氰酸[3]。

雨滴在狀似刀劍的草葉上徘徊、閃爍、依附著不走。它們比古銅金龜子還厲害，後者爬上草莖，掉下來，爬了，又掉下來，永遠逃不出去。

一隻孔雀蛺蝶張開翅膀漂浮在春天的空中，吸食草甸碎米薺的花蜜。他在進食時敞開雙翅，宣傳他那俗豔的眼狀斑點。這些斑點模仿的是巨大鳥怪的眼睛，它們監看整片草場，但其實只是用來嚇阻掠食者的工具，而且表現得並不差。這隻色彩繽紛的孔雀蛺蝶不受鳥類干擾，逍遙地在平坦的石頭上暖暖身子，即使這個行為很容易招惹麻煩。

鳥兒在灌木籬飛進飛出，忙著築巢。蒼頭燕雀、大山雀、青山雀、知更鳥。他們依然往最深處去，因為灌木籬依然沒有長出葉子。我發現，他們偏好使用的建築材料是草地上乾掉的草莖。無形之間，鳥兒築巢的行為將草場和灌木籬連結起來。陽光穿過樹籬，從榛木光滑如女人肌膚的樹皮上彈開。

我不是草場上唯一的農夫。果林土溝旁亂糟糟的草叢中有三個黃土蟻的窩。蟻窩的年齡雖然只能粗略估算，但準確度不至於低到毫無用處。黃土蟻會鑽進土裡，把土推出來，速度大約是一年一公升左右；蟻丘的形狀就是推出來的土造成的。土溝旁的蟻窩大約五歲；河岸地的總部則是二十歲，這些長翅膀的瑪瑙（不科學的稱呼就是飛蟻）夏天時會從這個地方的蟻窩飛出，展開漂泊的殖民旅程。河岸地最陡峭的地方快速出現許多蟻丘，看起來就像大地長了膿瘡。

黃土蟻巢穴的土壤非常細緻，因為工蟻會將每一顆土粒挖出來拖到蟻丘頂，把所有的石頭和固形物留在原地。幾根上等草葉從這些光禿禿的土丘長出，好似受人尊敬的牧師頂上的幾根毛髮。

蟻丘在地上，所以會照到陽光；螞蟻把這當作產房和育嬰房，甚至會帶著卵穿越蟻丘裡的大小隧道，到最溫暖的一角。不幸的是，細緻的土壤和較高的地勢讓蟻丘很難防禦掠食者。春天時，瘦巴巴的母獾有時候會狂亂揮掌，擊開河岸地的龐大蟻丘，掠食螞蟻幼蟲或甚至更棒的螞蟻卵。

然而，今天攻擊草地上其中一個蟻丘的不是獾；獾的破壞力沒這麼小。罪魁禍首是一隻綠啄木鳥，他把尖喙刺進去，破壞了一半的蟻丘。我秉著科學的精神（雖然也一直覺得自己像個流氓），拿鏟子挖掘毀掉的土丘，一次只挖幾英寸，挖過許多蟻室和通道。我一開始太不小心，必須慢下來，降到考古學家的速度。螞蟻像機器人一樣撿起受到擾動的卵，彷彿鐵鍬把他們的家一分為二是每天都會經歷的日常。

最後，我終於找到我的獎品。一個十便士大小的蟻室有一小群灰色的蚜蟲。螞蟻把這些蚜蟲捉來這裡，「採收」他們分泌的「糖蜜」。蚜蟲的食物則是長在這地窖屋頂和牆面的植物根部。這種集約農業會讓每一個農夫羨慕不已，因為這些蚜蟲是經過選擇性繁殖的；這個蟻室裡的蚜蟲群非常有可能是從一隻優秀的蚜蟲繁殖來的，就像一頭荷仕登乳牛。

黃土蟻是充滿驚喜的生物。他們可以活二十年，且在乾燥的低地地區，他們會將喬克希爾藍蝴蝶的幼蟲帶回巢穴養育。

黃土蟻並不算是黃色，而是老奶奶泡的茶的那種薑黃色。

到了四月十二日，毛茛盛開的鮮豔花朵意味著夜晚走過草地彷如走過一片星空。

現在，開花的狀況已經勢不可擋。第一波藍鈴花在矮林爆發；不到一星期，捕蟲瞿麥從灌木籬底下冒出；神祕的繁縷也出來了。

蒼蠅在越來越暖和的空氣中跳華爾滋。地面溫度維持在草生長需要的攝氏六度之上。長出綠草還有另外一個要素：草地的草需要十到十五個小時（依種類而有所不同）的日光才能成長。

晚上站在草場中央，有人把雲朵攪成了牛奶布丁。

我正坐在這條攸關存亡的溪流的岸邊。樹木環繞的水塘上游有一隻河烏站在布滿水藻的石頭上。這些近似鶇類的河烏科成員就和煤礦坑裡的金絲雀一樣，可以告訴你河岸有沒有浩劫將要發生。在像艾斯克里河這麼乾淨的河水中，有大量的甲殼動物、昆蟲和魚，因此河烏的密度很高；流經草地邊緣的兩百公尺溪流就供養了一對河烏。站在石頭上的是雄河烏。我知道他有看見我，因為他做出「點一下、點一下」的動作，展示他那耀眼的白色胸膛。這是鳥類對掠食者做出的暗示，表示後者已經被看到，沒有機會偷襲。

雄河烏跳入水塘，貌似烏鶇的他姿態比烏鶇優美多了。他冒出來，嘴裡叼著一隻不斷掙扎的鮰魚。鮰魚死得很淒慘，河烏抓住他的尾巴，讓他的頭撞擊綠色大石。

獵物像石頭一樣動也不動之後，溫和的河烏把他翻過來，從頭部吞下去。他接著拍一下翅膀，飛到下游平滑冰冷的淺水地帶，走進水流，執著地凝視。他的鳥喙像暴龍般迅猛出擊，一隻石蛾幼蟲就從閃爍的水中被抓出來。獵物在口後，河烏在彎道附近低飛，飛回岸上鋪滿苔蘚的巢穴，再把石蛾幼蟲擠進嗷嗷待哺的河烏寶寶嘴裡。我們住在這裡的五年來，這對河烏用的都是同一個巢穴，也就是那個被榆樹的根部裹住的砂岩縫隙。就我所知，這個巢穴已經被河烏使用了好幾十年，甚至可能有一百年以上。他們是堅守傳統的鳥兒，世世代代都使用同樣的巢穴。

四月：生綠的月分，換綠的月分，所有一切都迸發綠葉與生意的月分。我蹲在河岸地的灌木籬旁，眼睛平視溪流，覺得草場看起來好像上升了兩英寸。實際上，我的眼睛估算得沒錯。我帶了尺來量，過去兩星期以來，草正在經歷春天的生長爆發期，一「週」大一寸。在我身後的河岸地，母羊和小羊在大快朵頤這片新綠，小羊時而停止吃草，站在那棵榆樹倒木上，扮起城堡之王；那棵倒木躺在那兒，像一根被丟棄的狗骨頭，三十年來都沒有人想去動。這樣的懶散帶來意外的保育成果，因為倒下的榆木成了一大群金龜子的住所。狐狸常常會到這裡挖金龜子，柵門旁草叢上的狐狸糞便夾雜了他們的翅鞘，反射出最後幾道陽光。

過了一會兒，這群晚上結夥的小羊發現自己在不知不覺間跟媽媽分開了，開始發出可憐的叫聲。整座山谷的小羊發出求救信號，聲音迴盪在丘陵間。

維多利亞時代的博物學家W・H・哈德森[4]春天時可以花一整天的時間賞草：「漫長的冬日過後，再度因它欣喜，讓我的心智從中獲取養分……我唯一想要的就是看見它。」

有著二十四英寸的體長以及長得不合理的下彎嘴喙，杓鷸是一種體型龐大、外型獨特的涉禽。然而，把他放到草場上，他就會像變戲法似的消失不見。我用望遠鏡掃視了幾回，才找到那隻雌杓鷸，她正在拉扯一叢乾草。雄杓鷸在距離灌木籬二十碼左右的草高之處已經挖了一個坑洞；他挖得意興闌珊，男人看了都能感同身受，但當老婆的就會罵了。

兩天後，雌杓鷸緊緊窩在蛋上。為了再次找到這個鳥巢，我在正後方的灌木籬上繫了一塊白布。

我在遠遠一角的灌木籬下設了觀測據點，這個角落的榛木倒了，蕁麻肆虐，形成四英尺長的等腰三角形，是羊兒躲太陽的地方。每一個草場都應該要有一個沒人會注意到的角落。

從漸漸腐敗的榛木枝椏間，我可以窺視整片草場，幾乎每個地方都看得見。坐在這個野化的空間裡，我最能察覺到美的即時感、即時感的美。榛木螢幕讓人不得不專注在近處的事物。我聞得到連錢草類似止咳藥的氣味，也看得到不斷迴旋的黑色蠅蟲。他們小到我幾乎看不見，叫什麼名字我不知道，也永遠不會知道。常春藤的藤蔓呈現完美無缺的螺旋狀。接著，我看見野生紫羅蘭的天堂藍色調（這種花缺乏香氣，因此英文名稱有個 dog），還有蔥芥的淺綠色高塔，實在應該取名為「傑克的魔豆」，而不是英文的字面意思「灌木籬邊的傑克」。但，搓一搓它的葉子，你就知道這種植物為何也被稱作「蒜頭芥末」。你是否曾停下腳步，看看耳夾子蟲的後鉗弧度有多麼完美？或是他的身軀有多麼像一塊琥珀？

我的牢房讓我動彈不得。然而，穿透樹枝形成的木條、越過那些浮光掠影，我還是看見了那隻狐狸，因為任何動作都會讓掠食者露出馬腳，就像獵物的任何動靜都絕對會讓他們露出馬腳一樣。狐狸知道那隻杓鷸在草場上的某個地方。他專注地站著，嗅一嗅，瞧一瞧。杓鷸不動。杓鷸肉很好吃，過去不僅出現在狐狸窩，也時常出現在人類的餐桌。根據一二七五年愛德華一世下令制定的禽鳥價格，一隻杓鷸要價三便士。

狐狸看不見也聞不到那隻杓鷸，便跑掉了，為自己獵捕失敗感到生氣。

四月十六日

放在口袋裡的一張紙，上面寫了早晨和狗兒一起在草場散步的記事：「南邊開了更多報春花；黑頭鶯在唱歌，嘰咋柳鶯也是。」這些是最早來到草場的夏季遷徙鶯鳥。嘰咋柳鶯沒有逗留，繼續往前飛。黑頭鶯在河岸地的灌木籬頂歌唱，那歌聲使我讚嘆不已，心跳不禁漏了一拍。法國作曲家（兼鳥類學家）奧立佛・梅湘完美地捕捉了黑頭鶯歌聲的複雜度，以這種鳥象徵《亞西西的聖方濟各》這部作品中的同名角色聖方濟各。梅湘寫道：「我必須安插每一個音符的和弦，才能演繹出這種非常歡樂又和諧的特殊音色。」

黑頭鶯不枉被稱作「北方夜鶯」。只有這點除外：這種鳥的警示聲是粗魯的「嘖嘖嘖」，好像兩顆石頭碰撞切擊的聲音。整個夏天，黑頭鶯對我、對羊、對所有的東西嘖嘖叫，就像堅持滴水滴不停的水龍頭。

在所有的夏季燕科中，家燕花最多時間在草場上獵食。二十日，我見到了今年的第一隻家燕。雨燕和毛腳燕也會輪番上陣，但是他們會在較高的地方覓食；仲夏之外的月分很少會出現在高空飛行的昆蟲，因此雨燕逗留英國的時間很短。今天的雨迫使昆蟲在低空出沒，夏季的第一隻家燕做了家燕最擅長的事：像蕾絲一般優雅地掠過草頂，追捕有翅的獵物（尾巴最長的雄燕恰好是最受女孩子青睞的對象）。

兩隻加拿大雁破壞了這優美的時刻，他們叭叭叭地飛來，降落在山谷更上方的湖泊。粗野的他們一點也不細膩，就像塞在洛杉磯車流中的惱怒駕駛人。

法國人把黃鶺鴒稱為「牧羊女」，而這種鳥確實會跟在綿羊的屁股後頭，希望撿到被羊蹄翻出來的蟲子。他們在沼澤地快樂多了，因為這裡不只有羊，還有好幾英畝的軟土。有一對黃鶺鴒在那裡的莎草中築巢，有時會飛到草地上探索潮溼的角落。雄鳥很喜歡站在灌木籬上唱歌，如果那可以稱之為唱歌的話。他雖有金絲雀的黃衣裳，卻沒有金絲雀的歌喉。他能發出的就只有持續不斷的「促唧」聲。

他們倆像精靈一樣俏麗地跑來跑去，雄鳥在草裡到處獵食，好似閃爍逗人的金光。他們是在三月底一個溼冷的星期五抵達的，但是卻為所到之處帶來溫暖，因此古時曾有一個俗名「陽光鳥」。

今天，幾乎沒有鳥有地方上的俗名了。鳥名已經標準化、同質化，被歸類到科學家認為合適的分類。一個世紀以前，賞鳥人光憑長尾山雀的俗名就可以知道自己在哪一個縣郡，甚至是哪一個村莊。W・L・梅勒許[5]在《格洛斯特郡的鳥類》裡記載了不下十種的長尾山雀俗名，包括：長尾湯姆、爐灶鳥、波克布丁、吱吱鼠、酒桶湯姆，以及該郡南部使用的名稱——長尾農夫。對北安普敦郡的約翰・克萊爾而言，長尾山雀有個討喜的名字叫做「酒桶塞」。

四月十八日

藍鈴花在矮林裡大批出沒，讓林地覆滿一層藍色的霧氣，另有綿延不絕的酸模、毛茛和櫟林銀蓮花（哎呀，它的花已經開始減少）。

草地鷚從一根木樁上起飛，持續振翅飛到二十公尺高，直到他非常接近一棵年輕橡樹的樹頂，期間還不斷加速他的「斯威－斯威－斯威」歌。接著，他翅膀半張，焦慮地落下，發出一種和告別演說一樣缺乏音調起伏的啼囀。和隔壁雲雀歡樂的喧鬧聲相比，他的歌聲差強人意。但是我能理解他的心境，因為我也不會吹口哨。

接著，濃霧下沉，為整座山谷和谷中發生的一切蓋上一塊石板。

口蘑（*Calocybe gambosa*）是一年中最早出現的菇類之一，傳統上會在四月二十三日這個紀念英國守護聖者聖喬治的日子現身，從茵茵綠草中長出乳白色傘蓋，因此在英文裡稱作「聖喬治菇」。由於全球暖化的緣故，口蘑一年比一年早生，但是今年春天漫長的寒冷日子讓它得以守住過往的時節。四月二十二日這天，我在口蘑以往生長的地點發現了「仙女環」，就在河岸地北籬往內二十英尺左右的地方。口蘑有著凸面狀的菌蓋和比例完美的菌柄，非常符合古典建築的柱式，說它漂亮，倒不如說它俊美。它看起來無害可食，而事實也是如此。我把鼻子貼近地面，像尋覓松露的獵犬那樣嗅聞，發現此菇的氣味也很誘人，聞起來像麵粉。

今天，草場上來了一位意想不到的訪客。我沿著河岸走在早晨的薄霧中，聽見烏鶇吱吱喳喳地發出清脆的警示聲。緊接著：黃蜂色的輕蔑眼神，鱗片貌的黃腿，金屬般的黑爪。這些東西全都在我面前閃現。

我不知道是誰比較吃驚，是那隻翻過灌木籬的雌雀鷹還是我。她輕輕飛到我的上方時，我感覺得到她翅膀拍動的氣流。接著她就飛走了，像一顆乖戾的灰色子彈。

我肯定是比較恐懼的那一方，因為雀鷹若不懷好意，其氣魄是無可匹敵的。他們總是準備出擊，非常危險。早期製造槍械的工匠要為一個小型火器取名時，決定使用描述雄雀鷹的一個詞：鳥銃 (musket)。但，真要說的話，雌雀鷹其實還更致命；比鳥銃大十公分的雌雀鷹能在空中拿下高速飛行的林鴿。

我一年大概會在農場上看見雀鷹五次，通常是在夏季。他們通常是在追飛上天空的雲雀或草地鷚，飛得很美，卻愚蠢地宣示了自己的存在。今天，那隻雀鷹在灌木籬周遭低空飛行獵食，並衝進了一群蒼頭燕雀之間；那隻鳥的屍骸就躺在草上，羽毛被拔得亂七八糟，像一頂花冠。雀鷹會坐在無法飛上天的獵物身上，用鷹爪刺穿獵物的身體。如果這還不足以致命，他們就會不斷往獵物的頸背捅。獵物胸羽會被拔光，就好像人類手術前要剃毛。雀鷹接著會將鳥喙插入這塊無毛的部位，開始進行饕客的手術。

有時，紅隼會來草場狩獵，有時是紅鳶。有一次，我還看見一隻灰背隼。然而，在所有晝行性的猛禽之中，採石林的鵟鷹才是草場上真正的獵人。現在就有一隻飛過我頭上，在劃立他的地盤界線。他的管區。我的管區。這片草場是我們共有的空間。

四月二十二日

草甸碎米薺現在已經開了很多花，讓草地溼軟的一角看起來就像燈火點點的都市。一一抵達的燕子不再是在綠色汪洋中打獵了，而是掠過一片鮮花盛開的草地。野勿忘草也初次亮相，在令人驚豔的黃眼睛周圍畫了藍色眼影。野花的日子來臨了。

夜晚的草場。南邊遙遠的地平線那端有一抹不雅的城市燈光。除此之外，夜是黑暗的外太空，宇宙最原始的黑。

一對車燈順著馬路而來，沿丘陵的脊背奔走。車輛由於不常見，所以仍然富有浪漫色彩，彷彿車裡的人是要前往某個幽會地點。接著，運牛奶的大貨車來了，十分準時，但是不合時宜。山谷裡的酪農場都一個接著一個倒閉了。即使在「集約」的草地上飼養乳腺過度發達的法蘭克斯坦牛，一公升一便士的價格是要怎麼獲利？

夜晚又回歸到完美的漆黑。在採石林那邊，有一隻兔子被咬得緊緊的，發出和豬一樣的長長尖叫聲。有狐狸或獾出沒。我鑽入灌木籬更深處。

在這種看不見的狀態下，聽力變得更敏銳了（我稍後甚至聽得見灰林鴞狩獵飛行的聲音）。草場上傳來微弱的窸窣聲。我打開頭燈。就在那兒，一隻鼴鼠。一隻穿梭在花草浪濤中的鼴鼠寶寶。

年幼的鼴鼠五週大時就會被母鼴鼠趕出家門，到附近的地道成家，可以接下原有的隧道或是自己挖。不久，母鼴鼠連子嗣住在近處也受不了，於是夏末又會出現第二次大遷移，年輕的鼴鼠會在距離娘家數百碼的地方做窩。大遷移會在整片土地上進行，導致鼴鼠容易遭到掠食。獵捕鼴鼠的掠食者數量很多，而且住得很近。鼴鼠寶寶是貓頭鷹、狐狸、獾、鼬鼠、白鼬和那隻住在馬路上的雪貂最愛的食物。

說鼴鼠眼盲是錯的，我的頭燈嚇到了那隻鼴鼠，他停下來用鼻子嗅了嗅。我關掉頭燈，讓他繼續走他的。黑走進黑。

我肯定是這隻鼴鼠的守護天使。我打開頭燈時，照到了在鼴鼠身後僅數碼的兩顆琥珀色眼睛。是那隻雌狐。她轉身離開，對於自己強大的力量充滿驕傲。她只需要幸運一次；而鼴鼠永遠都需要幸運。

接下來幾晚，所有的小鼴鼠都出航了。怪的是，我從來沒發現那座堡壘，那個底下藏有草葉窩穴的超級鼴鼠丘。肯定在沼澤地灌木籬深處的某個地方才對，但看樣子草場不會告訴我所有的祕密。

四月二十四日

看見毛腳燕是令人非常開心的事情。他們一年會進行兩次危險的遷徙之旅，來到這裡築巢，彷彿這是一個完美的地方。

莎士比亞也對毛腳燕情有獨鍾，認為他們是善行的象徵：

這位夏日嬌客
常出沒神殿的燕兒，築了牠
心愛的華廈，便證明了天上的氣息
在這兒聞起來殷勤懇切：任何簷梁

無論中楣、扶壁或適合觀望的一隅，
無不是此鳥建造吊床和搖籃的地點。
我發現，牠們總在空氣清香的地方
繁衍生息。

鳥類和普魯斯特一樣，擁有製造回憶的能力。我只要看見毛腳燕，就會回到童年的家，房間窗戶敞開，我探出頭，觀察那群吱吱喳喳、四處張望的毛腳燕。他們在漆成白色的屋簷下，建造精緻的泥杯子。

四月雨季？我可以接受四月雨，我可以接受任何事，只要不要像這樣在月底幹活時被大雨淋成落湯雞。還好，湯瑪士・哈代[6]筆下的「暗處的鶇」是一種開朗的鳥兒，會在接骨木上吟唱黎明頌。他可能聽說過更好的天氣吧。草場不只是溼透了而已，還泡了一英寸的水。在這種時候，農夫會苦笑著說自己像在水田裡種稻。像是要提醒我這個世界有多水汪汪似的，有兩隻川秋沙竟然降落在河面上；我和菲莉妲從草場往上走時，有隻奇怪的鳥在頭的高度飛過我們身旁，菲莉妲打趣地說：「會飛的雞！」不，那不是雞，是一隻有蹼的鳳頭鸊鷉。我第一次在這裡看到這種鳥。

真實的季節和真實的氣候從不是順利地推展，而是走走又停停的。

編註

1 傑佛瑞・葛里森 (Geoffrey Grigson, 1905–1985)，英國詩人、編輯、文學評論者。他在一九三三年創辦了當時極富影響力的雜誌《新韻文》(*New Verse*)，也編過許多詩選。

2 約翰・李利 (John Lyly, 1554–1606)，英國作家、劇作家。他被公認是使散文體受到重視的第一人，最著名的作品為愛情小說《優浮綺思》。

3 氫氰酸亦稱氰化氫 (HCN)，一種劇毒液體，容易揮發且無色無味。

4 W・H・哈德森 (W. H. Hudson, 1841–1922)，英國作家、博物學家、鳥類學家。他以自然為寫作主題，並參與推動二十世紀初期英國一連串的動保運動。

5 W・L・梅勒許 (William Lock Mellersh, 1873–1941)，律師、鳥類學家。他在一九〇二年出版的《格洛斯特郡的鳥類》(*A Treatise on the Birds of Gloucestershire*) 是第一本專門記錄格洛斯特郡當地鳥類的書。

6 湯瑪士・哈代 (Thomas Hardy, 1840–1928)，英國維多利亞時代寫實主義詩人、小說家、劇作家。哈代的作品關注許多主題，除了描寫大時代中小人物的奮鬥與掙扎，也追憶受到工業化影響的田園風貌；後期則透過詩作描繪對宇宙的看法，傳達一種無力、悲哀的命運觀。

五月

杓　鷸
Curlew

五月的英文源自古羅馬的生長女神邁亞 (Maia)。太陽越來越強的熱力確實為大地帶來了生機。抽綠的狀況一發不可收拾。到了三號，草地上一下子齊長出來的草已達一英尺高，如果我把雙手交疊枕在腦後仰躺著，就會像漂浮在豌豆綠的海面上，而那些盛開的花朵，就彷彿是有人在這片汪洋中灑落許多七彩碎紙。現在，我也擁有哈德森的「春草心境」[1]了。我把牛群從冬季圍場移到沼澤地的時間，只比傳統上將牛群遷入夏季草場的日子晚了兩天。他們非常雀躍地東奔西跑，把草地踢得坑坑疤疤的。我們稱這天為跳舞牛日，把牛兒釋放出來，讓他們盡情咀嚼及膝的五月花草。

草地上的黃花九輪草 (*Primula veris*) 也將頭狀花序舒展開來，好似戴了頂攝政風格的淑女帽。這些花得感謝人們的善忘，因為英文名稱裡的 slip 其實是來自古英語的 cu-sloppe 一詞，意為「牛糞」。的確，迷人古典的黃花九輪草在牛兒抬起尾巴的地方長得最好。

空中傳來刺耳的聲響。雨燕拍著機械般的蝙蝠翅膀，在屋子周圍不斷繞圈子，到了睡覺時間才停止。他們是昨天來的。

五月五日

數星期以來，我的耳朵一直仔細傾聽杜鵑從非洲抵達的聲音。每次聽到一點林鴿特別有旋律的咕咕聲，我就會問自己、問每一個人：「那是杜鵑嗎？那是杜鵑嗎？」但是今天我真的聽到了，當我正徜徉在我的大海時，山谷中無疑傳來杜鵑的聲音。

我只聽到一聲杜鵑叫。但一世紀前，哈德森在巴克斯頓上方的山丘上發現：

從三點半開始，牠們會叫得很大聲、很久，很多隻群聚在樹上和屋頂上咕咕叫，讓人無法入眠。一整天的時間，一整片的荒野，杜鵑不停發出叫聲，飛來飛去，緩慢又漫無目的地拍動翅膀，就像無精打采的鷹隼。

杜鵑數量的減少已經到了這步田地：整個春天我在這座山谷只聽到一次杜鵑的叫聲。杜鵑現在已名列「需保育鳥類」的名單。歡迎來到沒有杜鵑的春天。

至少，下草地的草地鷚會對杜鵑的銳減感到開心。杜鵑把自己的蛋下在別隻鳥的巢穴時，常常選擇草地鷚的巢。沒錯，草地鷚時常在毫不知情的情況下擔任寄生杜鵑的養父母，因此在威爾斯語中，這種鳥被稱作「杜鵑的小廝」。

草地鷚是鳥類世界裡的傻蛋，不僅是可惡騙子杜鵑的受害者，也是具有領袖風範的灰背隼、灰澤鵟和雀鷹的獵物。狐狸和鼬鼠會食用他們的蛋。但我同意哈德森的說法，相信任何人只要看見了帶有斑點花紋的他「用那漂亮的粉紅小腿在青草和石楠之間走動，回眸看你時大大的黑眼珠充滿羞怯的好奇心，或是聽見了那鈴鐺般的旋律……同時越飛越高，都不可能不去愛上草地鷚——這長了羽毛的可憐小傻瓜」。

草場上有兩個草地鷚的巢，兩個乾草杯裡面都放了四顆深褐色的鳥蛋。這些蛋需要孵育十三天。我會發現這兩個巢，都是因為注意到殷勤的雄鳥把食物帶回來給孵蛋的母鳥。他們的三餐大部分是蜘蛛、蛾、蛆和毛毛蟲，幾乎全是在草場內獵來的。

草地鷚的數量和杜鵑一樣正在逐漸減少。事實上，全國草地鷚的消亡正是杜鵑消滅的其中一個原因。我小時候在鄉下常見的鳥現在大多都面臨了生存危機。英國的麻雀少了百分之七十一、小辮鴴少了百分之八十，而我過去看到成群的椋鳥北飛到夜晚較為溫暖的伯明罕，如今已成了過去式。

四月和五月是聆聽晨噪的時節，雄鳥會在晨噪時唱歌吸引雌鳥，同時宣示地盤。基本上，雄鳥唱得越大聲、越有旋律，就越有可能吸引到伴侶。

演唱會大約從四點十五分開始，那時太陽尚未在梅林丘上破曉。獨自一人站在英國的草地上，聽著群鳥的晨噪，會讓人記起生命的可貴。我穿著浴袍和橡膠靴，沒刮鬍子，可是這些表演者似乎都不在意我衣著不當、隨興又不整潔。鳥兒演唱的順序是這樣的：首先，歐歌鶇飛到白蠟樹頂唱歌。且讓我借用白朗寧[2]的文句：

一首歌唱兩回
唯恐你以為牠永遠不可能重新捕回
第一回美妙無憂的歡沛！

接在歐歌鶇後面的，是同樣在河邊的知更鳥和烏鶇，再來是蠑螈士溝旁褐色條紋的鷦鷯，接著是青山雀、蒼頭燕雀、林岩鷚、黑頭鶯、雉雞，全部都有寒鴉的插科打諢陪襯著（他們在果林廢棄穀倉的上空跳來跳去）。一隻雲雀飛上天，兩隻雄草地鷚也一邊飛翔、一邊歌唱。

讓我為晨噪代言宣傳一下吧。如果五月時能在黎明起床，就可以趕在工業革命和二十四小時瘋狂消費的混亂喧囂開始前，好好品味這個世界。

現在有一個國際晨噪日，由伯明罕的都會野生生物信託組織所創辦。這個活動只有英國才有，和美國的足球世界大賽一樣，其實一點都不國際。新聞工作者亨利・波特[3]曾經指出：「不管我們如何自貶或衰退，你都不能說英國人不欣賞大自然，尤其是鳥類。」我們的確有特別齊全的鳥類作家：哈德森、BB（德尼斯・瓦特金斯－皮奇福德）[4]、彼得・斯科特[5]、法羅頓的格雷子爵[6]，以及著有令人五體投地的《遊隼》(*The Peregrine*)的J・A・貝克[7]。當然，有些自命清高的科學家堅稱，英國的自然書寫受到「物種轉移」的毒害，也就是W・H・哈德森所說的「自然外」經驗（他自己就常常這麼做）——把作者置入所描述生物的頭腦和身體內。最終，這群穿著實驗室白袍的遊說團體總是一成不變地挖苦道：「自然書寫」及其衍生出來的「自然閱讀」，不過是與真實、殘酷的大自然脫節的都會人所養成的習慣。

我每次聽到這種論點，記憶就會倒轉三十年以上，回到爺爺奶奶的威辛頓家中那間比較小的客廳。他們無可挑剔的鄉村身分可以回溯好幾個世紀，雖然我必須承認，我爺爺那邊只能追到十七世紀初，因為在那之前還沒有教區記錄。

小客廳的深色木製書櫃只有三層，上面擺了幾本圓點花紋紙書皮包裝的正派小說（由杜穆里埃[8]和薩默塞特・毛姆[9]領銜）、不下十本有關赫里福德郡的書籍（我十二歲時肯定已經讀了《懷爾河與塞文河流向哪裡》至少十二次）……還有一大堆羅姆人寫的書；這裡的羅姆人，指的是本名喬治・布蘭威爾・埃文斯[10]的ＢＢＣ電臺主持人兼自然作家。書架上有《和羅姆人同遊》、《再度和羅姆人同遊》、《和羅姆人同遊草地和溪流》、《再一次和羅姆人同遊》、《和羅姆人同遊海岸》……

那間小圖書館沒什麼特別的。每個鄉下人都有和自然、農業、射獵有關的書，布萊恩・維賽─費茲傑羅[11]的可以長知識，吉米・哈利[12]的讓你哈哈大笑。最會把大自然擬人化的就屬鄉下人了。我只聽見母獾被稱作「大女孩」，而當人們不知道動物的性別時，一律使用「他」，從不使用「牠」。

而我在想，要稍微進入動物的思維真有這麼困難嗎？我們不都是動物嗎？

除了晨噪，還有暮噪。這天最適合享受暮噪，光線在白霧中若隱若現，傍晚的溼氣充足，讓春天草地的花香顯得更加濃烈。兩隻雄烏鶇在草場的兩邊──一個在果林灌木籬、一個在河岸地灌木籬──互相較勁歌藝，狂熱地宣告他們在世上的勢力範圍。

啊，五月的時候，能活在英國真好，能活在青青草地真好。

歡樂的五月是聆聽晨噪的月分，也是觀察狐狸的好時機，因為成年狐狸和飢餓的幼狐被迫在大白天出沒，而幼狐會到地面上玩耍。這天晚上幼狐一點都不謹慎，他們從柵欄下溜出矮林，到草場的青草軟墊上玩摔角。他們睜著藍綠色的眼睛看我慢慢靠近，直到我距離不到三十英尺時，才倉皇逃回自己的窩。

這樣沒警覺的狀況持續不了多久。一個月後，他們就會開始害怕我這個人類，並喚醒世世代代對夜晚的偏好。小狐狸一共有三隻，已經斷奶，約八週大。

我知道母狐狸正盯著觀看他們的我。她從樹叢中現身，嘴裡叼了一隻綠頭鴨寶寶。嘴上叼一根菸的奸商看起來都沒像她那樣狡猾。

綠頭鴨寶寶通常是褐色的，臉部則是淺色。在上游那棵大象之樹下孵化出來的八隻小寶寶當中，有一隻卻是像崔弟[13]那樣的豔黃色，他等於是被宣判了死刑。

這隻小鴨是要給小狐狸吃的。他們的母親已經在河岸的樹叢底部挖了田鼠或老鼠來吃。母狐狸和我是舊識了，她認得我的臉，或許也記得我的氣味。換作其他人，她好幾分鐘前就會警告小狐狸了，如果我帶著狗的話也會如此。

小狐狸應該要把小鴨吃乾抹淨。他們的生活很艱苦，到了八月分，主食就會變成各種蟲子。他們也會吃步行蟲科（甲蟲）、鱗翅目（蝶與蛾）、蚱蜢與蟋蟀、蛞蝓和蝸牛、蛛形綱（蜘蛛）和蛆。地位越低的狐狸，就會吃越低等的無脊椎動物。

五月七日，在農場最上方的車道上，山楂灌木籬已經長滿綠葉。還要經過三天，草地周圍的灌木籬才會完全轉綠，因為霜喜歡在山谷底部逗留。

就在這個緩慢沉悶的午後，趁杓鷸飛出去舒展雙翅的時候，我冒了這麼一次險去窺看她的鳥巢。我盯著那個點盯了好幾個小時了，大概知道巢穴的位置，但是還是花了一兩分鐘才找到那些蛋。就在那兒，一共四顆梨狀的鳥蛋，漂亮的酪梨綠，同時帶著褐色斑點。杓鷸已經產下這些蛋三個星期了，再一個星期就會孵出來。

較高的草莖上黏了一坨一坨泡沫。是所謂的杜鵑唾沫。我伸出手指，輕柔地拭去泡沫，揭露了住在裡面的光禿禿淺黃綠色生物——黃頭長沫蟬（*Philaenus spumarius*）的若蟲。所謂的「唾沫」指的是幼蟲自肛門吹出的泡泡，可以幫他們保持溼潤，並躲避掠食者。畢竟，如果少了這些瘋狂的泡泡，沫蟬在食肉動物眼中看來就像某種軟綿可口的點心。沫蟬是草地上的奇觀之一：黃頭長沫蟬的成蟲是這世界上最會跳的生物，可以跳七十公分高，等於是人類跳過吉薩大金字塔那樣。要做到這點，他的起始加速度必須達到每秒四千公尺左右。

約翰・克萊爾認為，沫蟬還有更多特質：

最初，牠們是花葉背部的小小白色唾沫。我不知道牠們是怎麼出現的，但在潮溼的天氣似乎總是會看到很多這種生物，因此牠們就像牧羊人的天氣瓶。這種昆蟲的頭如果往上，據說就表示有好天氣；反之，如果往下，就有可能潮溼下雨。

在草地的底部，多年生草本植物纏繞糾結的基部以及日積月累的植物殘骸之中，還有另一種很會跳的生物——跳蟲，他是住在陸地上的迷你活跳蝦。我把草撥開，露出赤色的土壤，找到了一隻跳蟲，碰了他一下。跳蟲做出他顧名思義會做的事：他把身體下側的液壓活塞打進地面，把自己彈飛。英國共有約兩百五十種的跳蟲目昆蟲，他們代表了四億年前在地球上跳來跳去的那些古老原始昆蟲。和這裡的紅土一樣，他們在泥盆紀就出現了。

我的手指探索著藏在草地底部的微小宇宙，這裡的土壤永遠是溼潤的，而且無脊椎動物的數量相當驚人。一英畝的草地就有數億隻昆蟲，加起來共有零點二噸重，或是這個數字上下。

五月十日

越來越容易見到毛茛的紙蕾絲葉子了。果林灌木籬的那棵野蘋果樹開了漂亮的粉紅花朵。我幾乎可以忽視那場殘暴的雨了。過了幾天舒適愜意的日子，我很有自信地認為，春天就要這樣順利地過渡到夏天，結果五月又使出了它調低恆溫器的花招。鄰居的草場上有一隻死掉的小羊，渡鴉和他們唯一的小孩正狼吞虎嚥，血染紅了他們的頭顱，就像戴了頂紅帽子。

五月十二日

草裡的種子越長越多。草場上的花花草草屬於作物，是有用途的，因此我只走邊緣，以防踩壞了種子。今晨有朝露，沾在草上看起來十分甘美。我站在沼澤地灌木籬的橡樹下，頂上是光影交錯的帷幕。這時，我看見一隻焦糖色的白鼬，他坐起身看著灌木籬。他正處在另一個時空，玩著古老的殺手遊戲。他衝進灌木籬，接著又衝出來，嘴巴咬著一隻剛長羽毛的烏鶇。他完全沒看到我。

五月十四日

早晨又是一陣喧鬧的鳥鳴迎接太陽升起。晨噪也能幫助你判定誰在築巢、在哪裡築巢。雄鳥會在一個明顯的優勢位置唱歌，宣示他們的主權。今天早上，草場灌木籬有三對青山雀、兩隻知更鳥、兩隻鷦鷯、一隻歐歌鶇、一隻長尾山雀、兩隻烏鶇、一隻大山雀、一隻蒼頭燕雀、一隻林岩鷚。

英國至少有三十四種鳥類習慣在灌木籬築巢，最典型的就是林岩鷚。此鳥在古英語被稱作 hegesugge，和灌木籬 (hedge) 這個字有關。今天，他被稱為林岩鷚，但他依舊是屬於灌木籬的鳥兒。林岩鷚天空藍的鳥蛋窩在巢裡，是春天最美的畫面之一；反之，河岸地灌木籬下方的草裡有破掉的鳥蛋，那幅景象十分醜陋。鳥蛋被吸光、啄光或舔得一乾二淨。有兩隻喜鵲最近很喜歡在草場上閒晃。他們在採石林上游的唯一一棵橡樹上築巢。我撞見那幅景象時，其中一隻喜鵲的鳥喙就在蛋裡。

五月十五日

在托斯卡尼式的暮光之中，第一批紅菽草現身了，上頭有好幾種不同的蜂正大快朵頤，急迫的樣子就像鐵達尼號的倖存者緊緊抓住救生艇不放。酸模的花穗已開始轉成鏽紅色的高塔。

酸模是酸模屬底下一個直挺的多年生成員，喜歡生長在沒有化學藥劑的草地上。拉丁學名清楚描述了這種植物：*rumex* 是一種古羅馬標槍，*acetosa* 大概的意思是「醋」。換句話說，就是尖矛形狀的酸葉。酸模的確酸。咀嚼酸模的葉子會產生一種被虐的快感。昔日的農場工作者在收割牧草時，會咬酸模的葉子，刺激口中分泌唾液。這種植物的草酸成分很高，因此才會有典型的刺激酸味，在中古時期被用於烹飪，就像我們現在使用檸檬萊姆一樣。在亨利八世的時代以前，酸模被當作香草種植，製成「青醬」用在魚類料理中。現在，酸模的花就像一座座尖塔，最高可長到六十公分，使草場瀰漫著紅色的迷霧。

酸模的紅色種子是雀科鳥類的食物來源（特別是金翅雀），而它的葉子則是紅灰蝶毛毛蟲的大餐。

夜晚，在閃爍的繁星底下，我站在草地邊緣，深吸一口氣。我聞得出草越來越甜美了。

五月中，杓鷸停止了歌唱。我真想念他的歌聲。草地的杓鷸不出聲是明智的，因為他們有兩隻雛鳥，頭上戴著圓頂小黑帽，還有幾條很酷的黑條紋劃過眼睛。雙親都會餵食他們；爸爸媽媽在草地上生活，自然很有智慧，他們在離巢二十公尺的地方降落，不引起注意地偷偷步行前進，在蕩漾的草上只看得見他們蹲伏的頭部。很快地，只會剩下雄鳥餵養張大著嘴的雛鳥，雌杓鷸已經完成她的任務了。杓鷸一年只產一窩。

我發現，杓鷸成鳥有時不會飛去找食物，而是走去附近的蠑螈土溝。從灌木籬下的位置，我看不見薊叢後方的土溝；下次到草場時，我躲在矮林榛木的陰影和枝椏間，佇立不動，就像一棵人樹。等待是值得的，我因此得以看見杓鷸私下用餐的模樣：杓鷸幾乎是倒立在土溝裡，拉出蟲子、吃掉表面的昆蟲（應該是水黽）。我不只一次看見青蛙和蠑螈在他們鉗子般的鳥喙中蠕動。

看著杓鷸餵食雛鳥時，我注意到愚笨的草地鷚也不是完全沒心機。雌鳥正帶著剛孵化的雛鳥的糞囊，把它們扔在灌木籬底下，這樣排泄物的味道就不會吸引掠食者到巢穴來。

在一個慵懶的傍晚，我挖了一些錐足草（*Conopodium majus*），它那羽毛般的白色頭狀花序在草上怔怔地望著。錐足草隸屬繖形科，塊莖去掉黑色的外皮後是可食用的，圓形、大小如榛果，有甜味。收割錐足草的訣竅在於，循著細細的莖幹到地面，然後循著那長又脆弱的單一草根，最後就能追到塊莖。在往地下挖掘十到十五公分深的過程中，你若是弄斷了它的根，就會失去塊莖寶藏。莎劇《暴風雨》的一個角色卡利班徒手就挖到了「神仙的馬鈴薯」，但是下草地的泥盆紀紅黏土需要用上鏟子才有辦法。

袋子裡放了二十個塊莖後，天已經要黑了，雨燕在屋頂四周盤旋尖叫，灰林鴞寶寶則在舊採石場吁吁地討食物。我沿著河岸走到一半時，草裡傳來很大的振翅呼呼聲。一隻赤松雞衝了出來。只有松雞的腦袋才曉得他跑來離山頂上的家至少一英里的地方做什麼。

另一個傍晚：我坐在橡樹雙胞胎底下，陽光照在河岸邊，畫出日式的柳枝圖樣。我在嗅聞茶色小溪的味道，它正發出咕嚕咕嚕聲，跟浴缸水流下排水孔的聲音竟有異曲同工之妙。

伊迪絲正在游泳，頭浮出水面，和上了年紀的莊重已婚婦女一樣。數十隻蜉蝣掉在她身旁的水面上，瘋狂轉圈圈，轉到死掉。我聽見下游的潛望鏡池塘有鱒魚在跳躍。伊迪絲爬上岸，全身如海豹皮一般光亮，甩了甩身體後，在我旁邊躺下。天氣和煦，狗兒帶來的撫慰總是令人安心。

一陣吱吱叫聲使我從半盹的狀態中驚醒。水鼠耳蝠正在追獵蜉蝣，用哈比人般的毛茸茸爪子把蜉蝣從水中撈起。在小溪邊緣，幾隻晚到的赤面燕子正在收集做巢的泥巴。

五月十六日

升起的太陽驅逐了清晨濃霧。三隻鱒魚木棒似的躺在潛望鏡池塘裡，面向上游。他們跟大自然其餘部分的狂躁形成了對比。才剛破曉，河岸地灌木籬的蒼頭燕雀每隔兩到三分鐘就會餵食四隻張大嘴巴的雛鳥。綠毛毛蟲由帶有白色條紋的翅膀運載，送進邪惡的鳥嘴。這個動作持續不斷，永久刻蝕在草地景象的一側。

我那些姓帕里的祖先九百年前來到赫里福德郡，他們當時站在黑山的山頂鳥瞰英格蘭時，看見了什麼？一片和現在相差不大的土地。翠綠的草地已經出現在林木之間，因為隔壁的村莊梅斯柯伊德意思是「樹林裡的草地」，早在一一三九年就被這麼命名了。沿著馬路繼續走會到一間「韋恩農場」，這個名字是源自威爾斯語的 gwaun，草地的意思，而非來自中古英語的 wain，意為馬車。

農場上最老的灌木籬有八百歲；這些草場是在中古時期從野林之中開闢出來的，自那時起模樣幾乎沒有改變。喬治王時代的圈地運動沒有影響到威爾斯的邊界地區，因為永久性的草地並不依循常見的休耕／冬穀／春穀三田制。

我的詩詞長滿野花，
猶如大雨嘩啦嘩啦。
某一些人或許厭煩，
但我可是恰恰相反。

約翰・克萊爾《牧羊人的日曆》(*The Shepherd's Calendar*)

草甸毛茛（*Ranunculus acris*）是大量出沒在草地和牧場的一種植物，其茂盛的數量是草地年齡的標誌。牛通常會避開這種植物，因為它含有大量的毛茛苷，生吃會導致消化系統發炎，但製成乾草後就沒有這個問題了。過去的乞丐會用草甸毛茛的汁液讓自己的皮膚長水泡，引起路人的同情，因此它又被稱作「水泡花」；鄉下人則因草甸毛茛的刺激性而將它稱為「烏鴉花」，這也是因為烏鴉向來是邪惡的徵兆。朗敦的威廉・帕里八十歲時，告訴維多利亞時代的民俗學者艾拉・李瑟一個牧羊人在山上遭到兩兄弟攻擊的故事。牧羊人告訴那對兄弟：「要是你們殺了我，烏鴉會大叫，把此事說出來！」這對兄弟不理會他的警告。自此以後，無論走到哪裡，他們都會被成群的烏鴉圍攻。他們的神經高度緊繃，最後一時衝動說出了自己的罪過，被處以吊刑。

草甸毛茛的花期是五月到八月，現在第一批的金黃色花朵正大放異彩，所以那隻蹲低的母狐狸看起來就像戴著一頂精緻的埃及豔后后冠。不久前，一小群兔子從果林那裡跳過來，在蟻丘旁邊吃草。母狐狸嘗試襲擊他們，但是某隻兔子一跺腳，發出了警示，他們馬上全體奔向岸邊的兔子洞。

從那之後，母狐狸一直蹲在長滿花朵的草地上等兔子回來，好似一座人面獅身像。有隻兔子靠得太近，她馬上衝過去咬住他的脖子。真是個俐落的殺手。

草兒抖動了一下，接著在風的跟前低頭鞠躬，形成陣陣波浪。有人在灌木籬上灑下砂糖。五月二十日，山楂將整個世界化為一片吸睛的白色。現在是白色的時節，山楂的白花堆在灌木籬上，白色的繁縷長在灌木籬下。

狐狸在河岸地入口的石地板上留下了宣示地盤的排泄物，我看見裡面有土。昨天和前天晚上都有下雨，天氣溫暖，數百條蟲子在草上爬。我數了數，每公尺就有十條。有隻狐狸吃了蟲蟲大餐，但是胃裡的土無法消化，所以才會出現在他的糞便中。

五月二十四日

草場並不是一直都很美：蒲公英的花隨著時序遞嬗，轉變成長滿種子的白鐘。白色的時節：草場看起來就像學校制服上的頭皮屑。

五月二十五日在紙上草草寫下的記事：「用鐵絲修補沼澤地灌木籬的洞時，驚擾了正在哺乳三隻寶寶的刺蝟。」跟放一條狗在缺口之中，防止牛群鑽過圍籬相比，用一條帶刺的鐵絲封住缺口其實並沒有辛苦多少。

然而，熱氣逼人，黏土硬如鋼鐵，所以我不想設木樁。赫里福德郡的黏土：不是潮溼軟爛，就是又燙又硬。一年大概只有兩天是正常的。熱浪帶來了蝴蝶，草地上現在會持續受到紋白蝶與草地褐蝶的干擾。我還看到一種我不認得的藍色蝴蝶，查閱我爸媽在我九歲時送我的那本《蝴蝶觀察圖鑑》之後，才知道那是一隻雌的普藍眼灰蝶。

在從樹叢蔓生到草地的峨參 (*Anthriscus sylvestris*) 上，還有紅襟粉蝶。在峨參的白花之中，紅襟粉蝶的翅膀垂直緊閉著，縱使我只距離幾英寸，也很難看見他們。這是因為，他們的翅背呈現綠白夾雜的斑駁色塊，是愚弄視力的最佳偽裝。

看見紅襟粉蝶在吸花蜜，促使我到土溝旁檢查草甸碎米薺，看看他們的幼蟲有沒有在那裡。找了一會兒，我找到了五隻綠色的紅襟粉蝶幼蟲。草甸碎米薺和蔥芥是紅襟粉蝶幼蟲的主要食物來源，他們也會互吃。這些毛毛蟲是虔誠的同類相食者。

編註

1 W・H・哈德森在《鳥界奇遇》(*Adventures Among Birds*)中描述了某個三月天看到的草原景色。當嚴寒的冬天告一段落，逐漸恢復生機的綠色世界是他唯一的渴望，也就是他的「春草心境」。

2 白朗寧(Robert Browning, 1812–1889)，英國維多利亞時代的重要詩人，擅長戲劇性獨白及人物的心理描寫。這裡的詩句引用自其〈海外鄉愁〉("Home-Thoughts, from Abroad")一詩。

3 亨利・波特(Henry Porter, 1953–)，英國記者、專欄作家，同時寫作驚悚小說。

4 德尼斯・瓦特金斯—皮奇福德(Denys Watkins-Pitchford, 1905–1990)，英國博物學家、插畫家，並以筆名BB創作童書。

5 彼得・斯科特(Sir Peter Markham Scott, 1909–1989)，英國畫家、鳥類學家。因其對野生動物保育的貢獻，於一九七三年受封為爵士。

6 法羅頓的格雷子爵(Viscount Grey of Fallodon, 1862–1933)，英國政治家。他也是業餘的飛蠅釣者與鳥類學家。

7 J・A・貝克(John Alec Baker, 1926–1987)，英國作家。他的名作《遊隼》以精準又富詩意的文字記述對一對遊隼的追蹤與觀察，直陳人類對環境的破壞力量。旅程的最後，主人翁逐漸褪下身為「人」的意識，融入遊隼與世界之中。

8 達芙妮・杜穆里埃女爵士 (Dame Daphne du Maurier, 1907–1989)，英國小說家、劇作家。她的眾多作品都被改編為電影，代表作為《蝴蝶夢》(*Rebecca*)。

9 薩默塞特・毛姆 (William Somerset Maugham, 1874–1965)，英國小說家、劇作家。代表作有《人性枷鎖》(*Of Human Bondage*)、《月亮和六便士》(*The Moon and Sixpence*) 等。

10 喬治・布蘭威爾・埃文斯 (George Bramwell Evens, 1884–1943)，英國首位以自然歷史和鄉間生活為題材的廣播主持人。他的廣播節目《和羅姆人同遊》熱播十一年，吸引超過一千三百萬聽眾。

11 布萊恩・維賽—費茲傑羅 (Brian Vesey-Fitzgerald, 1900–1981)，英國博物學家、自然作家。

12 吉米・哈利 (James Herriot, 1916–1995)，英國獸醫。他將自己執業生涯的見聞寫成故事，一舉成為暢銷作家。

13 崔弟 (Tweety)，華納兄弟的動畫《樂一通》(*Looney Tunes*) 中的角色，是一隻金黃色的金絲雀。

六月

尖　鼠

Shrew

六月三日

所有的樹木都盛裝打扮好了，白蠟樹也是。毛茛的吉普賽金在蒼翠的青草上散發光芒，我的橡膠靴都沾染了黃色的花粉。嬰兒藍的空氣平靜無風，只有燕子拍著翅膀在草場上追逐蚊蟲時，空氣才有流動。沒有風，但有聲音：佩帶蚜蠅 (*Episyrphus balteatus*) 的哼哼聲、虻的吱吱聲、蜂的嗡嗡聲，持續不斷。

草場看起來不一樣了。不只是因為我坐在那塊野生的三角形裡，用熊蜂的視角看向整片花草海，也是因為草地開滿花花草草時，看起來變得比較緊密、比較小，幾乎認不出是冬季那片被嚴寒漂白過的空間。陽光下，草地褐蝶在青草上成群結隊，雄蝶互相驅趕，要追求令他們心醉的雌蝶。

我蹲在陰暗乾燥的灌木籬下，一隻灰褐色的尖鼠 (*Sorex araneus*) 跑過我的腿。他不理會我的存在，嗑藥似地瘋狂撥弄落葉堆。接下來的十分鐘內，這隻長鼻子的小小哺乳動物上演了一齣恐怖片，不過他殘殺獵物的靈巧動作倒是令人欽佩。他用動作迅速的下顎肢解了五隻甲蟲，接著用鼻子又搓又滾一隻灰色蛞蝓，應該是要讓他變得軟嫩一點。他不時輕咬那隻蛞蝓，因為他的唾液有一種毒素，能讓受害者動彈不得，最終死亡。他也大啖潮蟲，喜歡條紋潮蟲（*Philoscia muscorum*）勝過糙瓷鼠婦（*Porcellio scaber*）。在不同的菜色之間，他會好好地洗手。他不是笨蛋，不吃看起來有力反擊的黑色大甲蟲。

最後，他決定回家去，就在草場的某處。我尾隨他，在他身後把草分開——或者應該說把「花」分開，因為仲夏的草地現在正是野花齊放的時期，長滿白色的繁縷、金色的金雀花、紫色的救荒野豌豆、藍色的筋骨草……我差點沒看到那隻尖鼠的迷你洞穴，旁邊有一棵孤零零的橡樹苗，意圖將草場變回森林。

尖鼠體長約六公分，比同樣是鼩鼱屬的小鼩鼱大兩公分。鼩鼱的食量非常龐大，這樣才能夠應付極高的代謝速率。一隻鼩鼱可以在二十四小時內吃掉和自己重量相等的食物。因此，他們總是在獵食，日以繼夜、夜以繼日。哺乳類的掠食者很少會吃鼩鼱，因為鼩鼱的脅腹有一種腺體會產生臭味。他們拉丁學名裡的 *araneus* 意思是蜘蛛，因為以前的人認為鼩鼱和蜘蛛一樣有毒。然而，猛禽倒是以鼩鼱為主食，因為大部分的鳥類都沒有嗅覺。

鼩鼱從三月開始繁殖，一年最多可產四窩寶寶。十六天大的鼩鼱寶寶會開始離開巢穴，據說有時候會列隊跟著媽媽：鼩鼱寶寶會抓著前面那隻鼩鼱的尾巴，一隻接著一隻，由媽媽帶隊，小孩排隊跟在後面。

我也想要看看這樣的列隊景象，但我從沒看過。

美麗的夜晚走下河岸地，穿越錐足草。青山雀在灌木籬跳進跳出，豬殃殃拍打灌木籬的底部。林鴿在死掉的榆樹上啼叫，彷彿在說：「偷兩頭牛，威爾斯人，偷兩頭牛。」大地沐浴在神祕柔和的粉色夕照下，就連平凡至極的鍍鋅柵門都發出迷人的光芒。

在我快走到通往草地的柵門時，一架小噴射機發動了引擎。至少聽起來是這樣。長三公分的五月金龜子成蟲不只容易看得見，也很容易聽得到。我閃到一邊。名為五月鰓角金龜(*Melolontha melolontha*)的他們因為今年春天較冷，所以很慢才出現，那應該叫做六月金龜子才是。五月鰓角金龜雖然大隻，屁股像針一樣尖利，但他是無害的。閃躲似乎是我不由自主做出的自然反射動作。五月鰓角金龜在頭的高度疾飛而過，只想著自己的事，那就是性和食物。

一隻五月鰓角金龜翻倒躺在柵門入口，就像上了亮光漆的桃花心木桌缺落的一角，上頭還被人刻了很有格調的白色三角形。光和玻璃對五月鰓角金龜有致命的吸引力，他們會以時速十一英里的高速撞上去。這隻可能是撞到了昨晚曳引機的車頭燈。五月鰓角金龜擁有毛茸茸的頭部和奇異的手掌狀觸角，是個相當迷人的金龜子。我把他撿起來，仰躺著放在手心。他的腳張開來，很像我總是帶在身上的萊澤曼萬用小刀。或許他是因為年邁而即將死去，而不是因為撞到曳引機。五月鰓角金龜短暫精彩的一生只有六個星期。

橡樹上聚集了其他五月鰓角金龜，他們剛脫離草底下的蠐螬[1]生活，跑到地面上來；過了四年暗無天日、咀嚼植物根部的幼蟲時期，五月鰓角金龜便會乘著透明的翅膀搖搖晃晃飛上天空。這些幼蟲長得很怪，會捲成獨特的彎月形，十分肥厚，長四公分。在英國的某些地區，他們被稱作禿鼻鴉蟲，因為禿鼻鴉愛吃這種蟲。很快地，母五月鰓角金龜會重啟循環，在像這樣溫暖的夜裡，使用腹部末端尖尖的尾甲將卵下在土壤裡；尾甲是刺穿地面的工具，和人類的表皮不同。

我在河岸地花了一小時，滿身大汗地將岸邊的圍籬重新綁好鐵絲，因為羊兒為了抓癢，不斷摩擦圍籬，一直把圍籬推倒（這是綿羊請求理毛的方式）。圍籬弄好時，山蝠已經在獵食移動緩慢的五月鰓角金龜。山蝠是翼手目的遊隼，他狹窄的翅膀長達十四英寸，會在草地上空飛得很高，飛向最先露臉的星星，接著又像自由落體般下墜。山蝠可以邊飛邊吃東西，他們在我頭上規律地拍動翅膀時，我敢肯定我聽到了五月鰓角金龜的硬翅片片掉落的聲音。

山蝠是鄉間最大的蝙蝠，也是少數能在開闊的地方飛行的一種蝠（約有百分之十的蝙蝠會被猛禽吃掉）。其他蝙蝠已開始飛向黑夜。在河邊的赤楊下，水鼠耳蝠正忙著工作。藉著山巒後方透出的最後一絲陽光，我可以依稀看見蝙蝠在沼澤地灌木籬和牛群之中獵食。那是吃糞蠅的大蹄鼻蝠。

六月雷雨。燕子倏地飛來，在提早變暗的草地上形成轉瞬即逝的白色旋渦。他們低空飛翔，嘴巴像一張網，網住被天氣所迫而低飛的昆蟲大隊。閃電打在山頂上。某處，我聽見鞭子抽動一下的聲音。

接著雨就來了，沉重的雨滴衝破橡樹瓦片，豬草和峨參的螢光小花被打得抬不起頭。現在是晚上，一隻年幼的狐狸從果林土溝冒出來，我以為他要去獵兔子，但他卻沿著草地邊緣在滂沱大雨中奔跑，跑向乾爽的窩穴。小狐狸活動的範圍越來越大了，但像今天這樣的日子，家是唯一的歸處。

在這備受風雨摧殘的夜晚，一隻鷺鷥降落地面，戳著果林那頭的某個東西。我看不到那是什麼，只知道鷺鷥在吃他，只知道那東西很大，應該是兔寶寶或老鼠之類的。鷺鷥張開巨大的翅膀，飛上依然憤怒的天空，繼續他威風凜凜的巡視。蠑螈土溝漲滿雨水，一隻光滑歐冠螈 (*Triturus vulgaris*) 用慢動作航行其中，吃著蝌蚪。一隻特大號蝌蚪塞滿他的嘴巴，這隻布滿斑點的水生蜥蜴只有像㹴犬一樣大力甩頭，才有辦法吞下他的親戚。

長滿種子的草被狂風暴雨擊倒在地。但大部分的草在這次猛攻後，竟還能抬起頭來。細長如矛的黑麥最瞧不起雨；鴨茅蓬鬆的頭狀花序和洋狗尾草的垂直通塔則花了比較久的時間挺直身子。

六月九日

我正在讀格雷子爵一九二七年出版的《鳥的魅力》(*The Charm of Birds*)。格雷是帶我們去打世界大戰的外交大臣，他為墮落前的歐陸提供了以下這段墓誌銘：「全歐洲的燈火正在熄滅。我們有生之年不會再看到燈被點燃。」格雷並不情願當政治家，賞鳥總是比處理國家大事還要令他快樂。然而，在一九一〇年六月九日，格雷結合了正事和興趣，帶美國前總統老羅斯福到伊辰谷散心賞鳥。他們看見了四十種不同的鳥類。

一個顯而易見的問題令我困擾：今天我可以在那條小徑上看見多少種鳥？

六月十日

有一頭牛逃到草地上了。他一點也不急著回到草比較少的沼澤地，我開始趕他回去時，還耍了一下脾氣，甩了甩頭。趕牛有個很逗趣的技巧：如果站在牛身後，把左手伸出去，他就會往右走，反之亦然。我像風車一樣揮舞了一陣子，他漸漸走向正確的方向。牛並不笨。他偷跑被抓到，知道現在已經玩完了。他垂頭喪氣走向沼澤地的柵門，我在他身後。人牧牛的畫面永垂不朽，而我是這幅景象中唯一的人類。我們扮演著人與牛古老的角色，這段旅程帶有某種毋須言說的伙伴情誼。我拔起一根草（貓尾草）咬著，完整這鄉野的質樸之感。

草裡傳來絕望的叫聲。外觀就像一球草的長尾森鼠巢穴（雖然早上下了雨，但卻乾燥無比）遭牛蹄劈開，露出三隻盲眼的褐色老鼠造型糖果。一隻老鼠寶寶被壓爛了，血肉模糊。我盡可能把巢蓋好，用橡膠靴挪走血淋淋的屍體。

牛每平方公分可以施加一點五公斤的力量。我曾經被牛不小心踩到腳，每根腳骨都斷裂了。剛出生的光溜溜老鼠寶寶哪有存活的希望？

但牛蹄不全然是壞東西。蹄印造就了微氣候，是阿多尼斯藍蝴蝶等特定的無脊椎動物產卵的地方。

六月十二日

灌木籬的山楂花暫時衰退為櫻桃色。白色的蛾日日夜夜飄浮在空中。草的深處有青蛙，因為這些地方即使在正中午也依然溼潤。接骨木花在草地東側與南側的灌木籬上盛開，忍冬花也是。百脈根在草地下層開出紅黃相間的花朵，被戲稱為「培根煎蛋」。花粉雲懸浮在草地上方。天氣涼爽的晚上，咖啡色和黑色的蛞蝓會沿著草滑行。在牛群喜歡站著瞪視的柵門入口處，染了一頭紫髮的薊已經高達一公尺。

凱思・普羅伯特沿著小道走來，想知道我要不要借用他那頭新的赫里福德公牛。「上個禮拜買的，大家都臭罵我一頓。」沒人敢相信養牛的居然買了一頭赫里福德牛。比利時藍牛或西門塔牛是更有利可圖的選擇。

我能明白他為什麼這麼做。比利時藍牛就是發育過度的肌肉男，而西門塔牛的性格就像機器。赫里福德牛是傳統、是伙伴，是老方法。

躺在草場上做白日夢是多麼美好的事呀。我仰躺著，呈隨興的大字形。這似乎是非常本能的姿勢，既表示張開雙臂歡迎，也表示在大自然面前臣服。手臂直直貼在兩側躺著，是死亡的姿勢，是入棺的態度。

在我上方，雲雀振翅飛入薄霧，同時唱出絲綢般的歌聲，在他的地盤上空撒下絲緞天幕，最後在我眼中只剩一個黑點。

這是一隻捍衛自己地盤的雄雲雀，但他的伴侶在哪裡築巢呢？

貼在地面的我花了一小時才找到雲雀的家，就在一團草堆之中。我緊張小心地拉開草葉，露出三顆褐色斑紋的鳥蛋，就像某種寶藏。

我從小就愛上大自然。我還記得，十歲的自己跟堂兄弟和一隻狗在戶外探索了好幾個小時，爬到樹上去找純白如瓷的林鴿蛋。在我的第一張學校照片裡，我穿著西裝外套，叛逆地拉開翻領，露出針織上衣上的青少年鳥類學家俱樂部藍布徽章。我這輩子第一個刊登的作品就是刊在青少年鳥類學家俱樂部的雜誌《鳥生活》（下一次是刊登在《衛報》）上。我的父母一次又一次不厭其煩地帶我到斯利姆橋的野鳥信託機構。我的房間是收藏了各種骨頭、鳥嘴和腳掌的博物館，其中令我最驕傲的展品就是在博斯的海灘上找到的一個海鸚嘴喙。在一九七〇年代，男孩子必戴一支天美時錶，我就用它的透明塑膠包裝盒來擺放這件收藏，看起來就像一個特別有異國情調的胸針。

儘管這是個單調如地衣的日子，草地褐蝶 (*Maniola jurtina*) 仍在空中飛舞。草地褐蝶體型中等，從前翅的橘色色塊和單一眼狀斑點即可辨識。這種蝴蝶的毛毛蟲以多種本土草類為食，如剪股穎、羊茅、鴨茅和早熟禾。他們盡量不到太遠的地方，而今天看到的這些飛舞交配的草地褐蝶可能從未離開過這五英畝的草地。兩隻草地褐蝶正在蕁麻葉上以傳教士體位面對面交尾，頭在最上面，形成一個完美的心形。

小狐狸開始謹慎起來了，他們害怕新東西，厭惡陽光，並且提防著我。我有一個星期以上沒看見他們了。後來，伊迪絲把一隻小狐狸從樹叢裡趕出來；樹叢是狐狸平常睡覺的其中一個地方。除了生產和嚴冬，狐狸鮮少待在地底下。苗條的小狐狸一下子就鑽過圍籬，進到草場，發福的伊迪絲則是必須找更大的洞鑽。等她鑽過去了，小狐狸只剩視網膜上一個逐漸消失的成像。

另一個更清晰的影像浮現在我的腦海，那就是我們已逝的迷你傑克羅素犬「嗅嗅」。多年前，在一個陰沉衰敗的十月天午後，他也在同一個地點趕出一隻公狐狸。小狗狗全力追趕大狐狸，雙方都沒有停下來思索這箇中的荒誕。狐狸可是狗的十倍大。

狐狸家族不是唯一會躺在地面上的動物，一些幼兔也會在果林河岸旁的長草中壓出痕跡。他們下午戒備地吃著草，接著玩起許多哺乳動物幼年期最喜歡的追逐遊戲。

六月十九日

現在幾乎是仲夏了，陽光讓人抗拒睡眠。每天有十七個小時的日光，是仲冬的兩倍。如果永生是由這樣的英國夏夜組成的，再怎麼長久也不足夠。我決定到草場上轉一圈。走下沼澤地時，我可以看出草地海遠遠的那一端有兩隻動物站在一起的輪廓。狐狸和獾在共用的路徑上碰頭了。那隻獾聞風不動，而那隻狐狸則伸長頭部，發出憤怒的低吼，連三十碼外都聽得見。獾不為所動，結果是狐狸讓了步，跳進草地，離開那隻黑白相間的佛陀。

六月二十日

在我睡覺休息的野生三角形附近，有一隻死掉的天鵝絨尖鼠。屍體還是溫熱的，在浸溼的毛皮上，我勉強看得出脖子有小小的咬痕。尖鼠到死都在捍衛領土。

黃鼻花（*Rhinanthus minor*）會發出聲音。這種花在各地有不同的名稱，有的是點出豆莢裡的種子搖動時會發出類似孩子玩玩具的聲音（「寶寶的撥浪鼓」），有的則是點出錢幣在袋子裡晃動時的聲音（「牧童的錢袋」）。而在赫里福德郡，黃鼻花被取了一個比較恐怖的別名，「死亡之響」。它的確會造成某種類型的死亡。嚴格來說，黃鼻花是一種半寄生植物，雖然它能行光合作用，但是它更喜歡用根抓住草的根部，吸取對方的生命。要創造一片野花草地，黃鼻花是不可或缺的角色。黃鼻花不僅可以控制旺盛的草類，也會在春天開出黃花，吸引蜜蜂前來。它在草場上斷斷續續地長著，有些在中間那塊乾裸的土地上，有些在北端。

我不小心驚擾草地鷚的巢，雌鳥飛出來，完全轉移了我的注意力。她在草上飛行五碼左右，到一個比較稀疏的地方，俯臥在地，伸出一隻「受傷」的翅膀，尾巴張開貼著地。我不想讓她失望，於是跟了過去。接著，她突然飛過灌木籬，進到沼澤地，發出鈴鐺般的笑聲。

幾年前，我違背了自己的原則，那就是必須喜歡自己的牲口。除了原本的雷蘭羊和雪特蘭羊，我又買了十二隻赫布里底羊。又小又黑、長角原始的赫布里底羊。而且是無性繁殖的。在這打黑羊中，我唯一喜歡的就只有領頭羊希爾達，她有麥可・傑克森的朝天鼻和永不滿足的胃。一個鄰居送我一頭公羊，名叫……公羊羊。赫布里底羊是很會繁殖的羊兒，在下草地這樣優良多樣的草地上，他們可以繁衍得很好、很健康，肉吃起來很有風味，羊毛還能製成有光澤的大衣，賣給羊毛局或私人買家的價格都很好。對於想要從事環境友善、津貼豐厚的「保育牧羊」的地主而言，這個品種的羊也很受歡迎。

可是，他們很愛逃跑，像鹿一樣會跳。我把他們關進棚子裡要給他們剃毛，有一隻從等待的圍欄跳進我正在揮舞電子剪的圍欄。接著，他試圖躍過我，我趕緊閃到一邊，才沒跟他硬如墓碑的頭相撞。

二十幾歲時，剃羊毛不算什麼；四十幾歲做這件事就會要人命了。「做到背斷掉」這個說法應該定義為：「長時間以紐西蘭姿勢剃羊毛」。

幾乎每個人都是用紐西蘭姿勢剃羊毛，也就是讓綿羊坐著，背部靠著人的腿，用電子剪由上往下剃。

一開始，我每兩分鐘剃好一隻羊，速度還算合理，電子剪順順地沿著羊毛裡黃色綿羊油的線條滑下。剃到第二十二隻羊，我的速度變成每五分鐘一隻，而且開始重複剃兩次，因為第一次不夠貼。我還嚴重割傷了一隻母羊的皮膚，必須給她噴紫色藥劑，也就是龍膽紫噴霧。剃到第二十六隻，我已經一百四十歲了。剃到第三十一隻，我開始作弊。我把曳引機停在車道上，這樣就不會有人嚇到我，然後剩下的羊全都站著剃，羊頭綁著籠頭，用繩子繫在門上。我坐下來剃。

但是我永遠無法告訴任何人這件事，因為這實在太遜了。

我的背好似斷了一樣，整個人變成道林・格雷閣樓裡的那幅畫[2]。不過，我的雙手因為羊毛裡的綿羊油，變得跟嬰兒一樣柔軟。

仲夏之夜，我人生中最怪異的時刻降臨了。十點鐘，我出去把雞關進圍場裡的雞舍，微微發光的夜晚充滿魔力。不過，仲夏夜本來就是精靈、妖精和奇觀出現的時間。我曾經在仲夏聽見夜鶯在山谷裡唱歌，是我此生唯一聽過的一次。

我一關上雞舍的小洞，我那三匹馬和一頭驢無聲無息地從灌木籬的陰影中出現，開始像旋轉木馬一樣繞著我，一下蹦蹦跳跳，一下用後腳站起來。他們繞呀繞，速度越來越快，越來越狂亂。坦白說，我嚇壞了。喬治急速奔過的馬蹄帶動風，拂過我的臉頰。小跑步的驢子是圈子裡最慢的，就像一個逗號。我從她面前衝過、跑出圍場、跳越柵門。我上次這樣飛躍是在幾十年前的學校運動會，做背向式跳高的時候。

他們繼續繞著雞舍，直到後來，馬兒澤伯離開圈子，以堅定無比的意志跑向我。然後溫柔地拉扯我的衣袖。他又拉了一次袖子，獻上無限殷勤。

動物當然是會說話的。那一刻，他和我是一體的，無法分割。我能看穿他那謎樣的栗色頭顱，看見裡面每一個緩慢的野獸思路。我對他而言也是動物，他想要我一起玩。

我帶著歉意親了他的頭一下，他便走回去玩旋轉木馬。

魔法還沒結束。驢子雪花也跑過來，用嘴唇拉扯我的袖子，想要我和他們一起玩。她也獲得一個親親後，搖搖擺擺回到那露天遊樂場，加入發著光的超自然世界。

草場上出現一個新的聲音。草地蚱蜢 (*Chorthippus parallelus*) 開始唱歌了，但是只有偶爾出聲，短暫插個嘴。這隻小小綠色蝗蟲透過摩擦，也就是用後腿內側搓揉前翅，來發出歌聲。蚱蜢在太陽下對彼此「唧唧叫」——這樣形容比「摩擦」好聽多了。公蚱蜢比母蚱蜢更大聲、更持久。蚱蜢不只是音樂家，也是草地掠食者重要的蛋白質來源。

一隻烏鴉跳來跳去，意圖不軌。然而，他的慾望搭不上他的體能。蚱蜢彎曲膝蓋，將後腿的表皮壓成彈簧，肌肉一放鬆，積蓄的能量就能將他們彈到草地森林的另一端，烏鴉只能眼睜睜看著蚱蜢飛過去。蚱蜢的歷史可以追溯到三億年前的石炭紀，他們也是比人類更早來到這片土地的地主。

六月二十七日

牛群站在河岸地那兩棵蔭涼的老蘋果樹下，好像是在等待英國畫家康斯特勃[3]畫下他們。一個彷彿經歷西班牙熱浪的六月天，我正在進行清點。我在河邊停下來喘口氣，溪流十分乾淨清澈，流過綠色和粉色的石子。虎耳草的金色葉子蔓延河岸，好不迷人。河水後方的紅色堤岸長久以來被翠鳥挖了許多洞，好似美國的查科峽谷，其中一個有居民的洞穴正噴出惡臭的黑色爛泥。翠鳥將排泄物從巢中移除的方式，就是直接從前門推出去的懶人法。

我正出神時，一顆褐色魚雷從河流彎處衝來，邊靠近邊掃視。柔軟地一扭、敏捷地一轉、表演體操似地一滾，水獺接著露出水面，爬到我正前方的石頭上。

這二十碼長的河段後方有個紅色小懸崖、兩旁有著層層疊疊的赤楊，讓我們全都把這當成自己的私密空間，這隻水獺也不例外。他用鼻子摩擦胸口，開始進行沐浴儀式。

十九世紀的自然書寫作家理查・謝弗里斯[4]在《獵場看守人在家》(*The Gamekeeper at Home*)這本書中，正確描述了觀察動物的「技巧」：

觀察的祕訣是：不移動、不出聲，假裝毫不在意。這些野生生物天生有辦法判斷對方是否懷有惡意；假如距離非常近，牠們看的永遠是眼神。你只要用眼角斜視觀察，或者把目光放在牠們頭頂上方，一切就會安然無事。

身為謝弗里斯的好學生，我盯著水獺頭頂上方的位置。我離他非常近，可以看見他的每一根鬍鬚、每一顆滴落的水珠。

然而，以粉紅色麻繩繫在我手上的邊境㹴魯柏並不曉得謝弗里斯的野生動物觀察守則。我感覺到他緊繃起來。他肯定是直視著水獺，而且還露出牙齒。

花了一兩分鐘清潔身體後，水獺突然停止動作，環顧四周，看見了我們。他泰然自若地爬過淺水處的石頭，攀上遠遠那頭的河岸。水獺沒有逃跑，用軍事術語來說，他只是撤退了。水中的水獺很凶狠、很強大、充滿威脅性；陸上的水獺就只是一隻左搖右擺的太妃糖色臘腸狗。

我強烈聯想到愛德華時代那些穿著時尚的紳士（和鼴鼠一樣，你很容易就能將水獺擬人化）。令人不自在的是，我還聯想到布里斯托動物園，因為那裡是我唯一一次近距離觀看水獺的地方。那一刻，我意識到一件不愉快的事實：在布里斯托動物園看著水族箱裡的水獺，減損了在野外遇見水獺的經驗。我在看見實物之前，先看了複本。我在看見自然環境的實體之前，先看了加工過的奇觀。

今天，我們每一個人不都是如此？《秋季觀察》[5]這個電視節目可說是扼殺了成為業餘自然學家的體驗，不是嗎？

還是說，是我在研究所念歷史時，讀了太多遍華特・班雅明的〈機械複製時代的藝術作品〉[6]？

一隻黑色狼蛛從灌木籬地面的縫隙爬出來，接著堅定地爬進草叢。應該是一隻公的斑點狼蛛（*Pardosa amentata*）。狼蛛不織網；他們狩獵捕食。狼蛛的頭上有八顆眼睛，排成三列，讓他們可以看得更清楚。第一列有四顆小眼睛，第二列有兩顆大眼睛，而第三列則有兩顆中等大小的眼睛（前面的四顆小眼睛如果沒有用放大鏡很難看到）。他的眼力比我還好，比我早瞧見那隻母狼蛛。公狼蛛停下來，用前腳輕敲地面；母狼蛛靜止不動。接下來的一分鐘，公狼蛛小心翼翼地小跑幾步、停下來、再小跑幾步，直到他和母狼蛛面對面。接著，他開始把鬚肢揮到臉龐側邊，就像個不太會打旗語的水手。他就這樣在草地底部臭烘烘的密閉世界開始求偶。

公狼蛛謹慎小心是明智的做法。在蜘蛛中，雌性遠比雄性致命。蜘蛛小姐會在交合之後迅速解決追求者，可不是浪得虛名，但這種行為背後的原因卻始終令人困惑。有些生物學家相信，這純粹是因為母蜘蛛肚子餓，再加上面前的大餐不太可能逃走的緣故；也有生物學家懷疑，公蜘蛛其實是在犧牲自己的性命，留下基因。換句話說，成為情人的大餐，無意間拉拔了兩人結合後產下的後代。

公狼蛛用腳輕輕敲打。母狼蛛雖然惡狠狠地盯著他，但公狼蛛肯定發出了不錯的振動。前戲的部分可以持續好幾個小時。但有時候，像今天這樣，前戲只花了幾分鐘。母狼蛛接受了他。公狼蛛匆匆跑走。很聰明。我很可笑地為公狼蛛鬆了一口氣，完全能體會他的行為。

其他蜘蛛早已交配完畢。在被風吹開或被動物的活動分開的草中，有一些母蜘蛛正沐浴在陽光下，讓附在身後的那坨醜陋的卵囊保持溫暖。鼴鼠丘是這個產前日光浴的好地點。

我帶了一個會讓福爾摩斯大為讚賞的放大鏡，決定地毯式搜索蜘蛛的蹤跡。在蠑螈土溝裡我找到能夠在水上行走的 *Pirata piraticus*（真水狼蛛）；在草裡和灌木籬的 *Pisaura mirabilis*（奇異跑蛛），這是一種較大型的狼蛛，公的若要追求母的，會送對方死蒼蠅或其他的昆蟲，包裝成一個絲綢包裹；有著巨大下顎的 *Pachygnatha degeeri*（笛粗螯蛛）；*Clubiona reclusa*（絲囊蜘蛛）；*Clubiona lutescens*（絲囊蜘蛛）；*Lepthyphantes ericaeus*（皿蛛）；*Lepthyphantes tenuis*（皿蛛）；*Dismodicus bifrons*（皿蛛），這是草地上特別常見的居民，可在草場分層植被的上層和地面層的落葉之間找到；*Gongylidiellum vivum*（皿蛛）；*Meioneta rurestris*（同樣屬於皿蛛的鄉間侏儒蛛）。皿蛛底下又分好幾種，是草地上最常見的蜘蛛。我估計，大概有超過兩百萬隻蜘蛛跟我一起共享這片草地，其中很少有超過五毫米長的。他們總共可以吃掉超過兩百三十公斤的無脊椎動物。皿蛛在這片草原棲地上勤奮工作，優雅地殺害獵物，先是把受害者用銀絲綁起來，再咬他一口，將他毒死。

蜘蛛的銀絲武器同時也是他們的交通工具，就像個人專屬的飛天魔毯。

六月二十八日

在燕語呢喃的天空下，我沿著河岸奔跑。兩隻格洛斯特郡花豬從果園逃走了。他們跟那隻落跑牛一樣，目標是蒼翠的下草地。他們用鼻子解開入口柵門的卡榫，現在正精力旺盛地吃著草，嘴巴流出發癲似的綠色泡沫。淹沒在菽草裡的豬。

有一次我們把菲莉妲搞丟了，大概是她八歲那年吧。找不到孩子的身影時，四十英畝顯得無比遼闊。而且，東界是一條河，西界是一條路，不時有車子經過。

菲莉妲是在正午前不見的。那天，太陽似乎定著在我們的頭頂，整個大地都屏住了氣息。佩妮比較不容易慌張，她開始在屋內和花園進行有條理的搜索，我則快步走過草場，往河邊走去。不一會兒，我便跑了起來，一邊奔跑一邊叫喊。水中的每一個異物——破掉的塑膠飼料袋、天曉得從哪沖下來的鍍鋅水桶——都讓我設想最糟的狀況。

一個人影也沒有。大汗淋漓的我開始穿著橡膠靴跑上坡（我平常做不出這種壯舉），決定從豬圈抄近路到通往馬路的草場。我爬下金屬柵門，進入豬圈的泥地時，眼角餘光瞥見菲莉妲的衣服混在一排像香腸般躺著的粉紅豬之中。

我可以告訴你世界末日是什麼樣子。圍繞在你周圍的一切全都瓦解了，你知道人生不過是場幻覺，一個漂亮的屏障罩住宇宙永恆膨脹的混亂。在那驚恐的一秒鐘，我還以為菲莉妲被豬吃了。

我跟跟蹌蹌走上前，看見菲莉妲還在衣服裡。我看得出她安然無恙。我伸出手，觸摸她美麗紅潤的臉龐，可以看出她還在呼吸。世界迸出了色彩，時間回歸原先的走速。或許只是我的想像，但我相信鳥兒也開始唱起歌來。菲莉妲夾在兩隻豬中間沉沉睡著。她感覺到我的手指，睜開眼睛，說：「嗨，爹地。」然後轉過身側躺，才能好好抱著旁邊的豬。那隻豬稍稍不悅地咕噥了一聲，接著挪動身子迎合她，啟動了漣漪效應，其他豬也跟著一隻接一隻調整自己在太陽下的位置。

我還有另一個和豬有關的回憶。我自己的童年回憶。當時我約莫六歲，站在一個戴維斯•布魯克的檸檬水木箱上，手臂靠在爺爺奶奶家的豬舍水泥牆。豬隻到處亂轉，興奮地叫著，因為他們聞到了廚餘煮成的一桶桶溫熱粥狀物，爺——我們都這樣叫他——正要倒進他們的金屬飼料槽裡。食物從桶子裡倒出來時，我偷偷看著爺爺細瘦的手臂，在捲起的袖子下呈現皮革般的褐色；他的手臂總是令我驚奇，因為經過五十年的農作生活後，肌腱就像鋼纜一樣緊繃。

豬隻推擠碰撞，以便維持豬群的階級次序（豬的階級意識很強），讓最高位的豬吃得到他們認為最大最好的一份食物。爺爺說：「約翰，關於豬，你一定要記住這一點。」他突然用鏟子戳一隻豬的耳朵。那隻豬咬住鏟子，我聽到了時間暫停的呼嚕聲，來自原始沼澤的呼嚕聲。爺把鏟子抽回來，彎下腰，指著鏟子的刃口，稍稍轉動它，讓清晨的陽光照在上面。那隻豬在金屬鏟子上留下了長長的齒痕。我的爺爺話不多，但是行動勝過言語。可以將金屬咬出痕跡的動物，必能咬斷人的四肢。

豬的問題就在於，你永遠不能預測他們的反應，是乖巧溫和，抑或是暴力凶狠。易怒的格洛斯特郡花豬不喜歡被趕離草地，有一隻還轉身想要咬我。鯊魚的牙齒比起來算是柔軟精巧的。

我將他們趕回豬圈時，他們已經在阿茲特克的烈日下曬了太久，蒼白的耳朵因曬傷而泛紅。我拿防曬乳擦他們的耳朵，他們發出滿足的聲音。

愛吃我的草的，不只有那些格洛斯特郡花豬和那隻落跑牛。在景色呈現灰階的傍晚，嗅東嗅西的獾家族也會吃這些草。

在果林廢棄穀倉長出羽翼的寒鴉幼鳥在空中遨翔。一隻紅隼繞著草地上空飛行。陽光穿過黃花柳，隱匿掠食者的行蹤。下方，黑田鼠跑過草間隧道，一邊滴著尿。據說，鷹隼可以看見尿液反射的紫外線。樹木在嘆息的草地上投下陰影。佩帶蚜蠅飛向峨參起泡般的花朵。紋白蝶聚集在薊的頭狀花序上。蚱蜢與蜜蜂隨風歌唱，鳥兒也伴奏回應。整個大地都動了起來。

只有水游蛇除外。他祥和地躺在柵門旁的一塊岩板上，看起來怪得不太真實。這是我一整年唯一看見蛇的時候。我轉頭看那隻紅隼是否還盤旋在空中時，陽光在柳枝間形成的光影讓我看不清楚。我再回頭看那條蛇時，他已經不在了。

六月二十九日

雲朵投下的陰影奔落山巒、馳越山谷、跑過草地，接著攀上梅林丘縱橫交錯的草場。還有某樣東西在騷動。蠑螈土溝裡有好多閃閃發光的小青蛙，讓溝裡溝外的莎草為之顫抖。

六月三十日

割草的時間近了。所謂的割草，就是農夫從積滿灰塵的穀倉角落開出古老曳引機的時候，而我也不例外。我花了一整天的時間檢修我們的一九七八年國際牌四七四型曳引機，還有接在曳引機後面的棒狀割草機（看起來簡直就像花園用的水平圍籬修剪器），以及壓捆機。充滿潤滑油和扳手的一天。不過，我有住在馬廄空心磚裡的青山雀寶寶相伴。他們還沒學會害怕，不斷為我加油打氣。

編註

1 蠐螬，金龜子的幼蟲。

2 在王爾德的小說《格雷的畫像》(*The Picture of Dorian Gray*) 中，主人翁道林・格雷為了保有年輕俊美的外表，便以靈魂作為交換，讓自己的畫像承受時間與罪惡帶來的衰敗，逐漸凋零成一個醜陋的老頭。

3 約翰・康斯特勃 (John Constable, 1776–1837)，英國風景畫家。他以寫實筆法表現鄉間景色，影響了後來的印象派畫家。

4 理查・謝弗里斯 (Richard Jefferies, 1848–1887)，英國小說、散文作家，作品結合對自然的觀察與虛構敘事，備受讚譽。

5 《秋季觀察》(*Autumnwatch*)，另外還有《春季觀察》(*Springwatch*) 及《冬季觀察》(*Winterwatch*)，是英國國家廣播公司（BBC）從二〇〇五年開始播出的一系列電視實境節目。製作團隊以隱藏式攝影機記錄野生動物的行為，希望能提高人們對於自然保育的重視。

6 〈機械複製時代的藝術作品〉("The Work of Art in the Age of Mechanical Reproduction") 一文中，班雅明認為相較於戲劇、繪畫等傳統藝術形式，新的大量複製技術（如攝影與電影）抹除了藝術作品的靈光（aura，即作品獨特的時空背景），成為不具原真性的大眾消費商品。

七月

山　蘿　蔔

Devil's bit scabious

所有的鳥兒都停止了歌唱，草場的聲音轉為昆蟲的嗡嗡低鳴。

我盤點了各種草：剪股穎、多年生黑麥草、洋狗尾草、狐尾草、黃花茅、淩風草、紫羊茅、鴨茅、貓尾草、粗早熟禾。過去只用於放牧吃草的地方：髮草。許多草都已灑下種子，留下空空的荷包。長出頭狀花序的牧草所製成的秣料品質較好，但是若在野花長出種子後收割，那些野花才有機會繁殖，因為割草的過程中會順帶灑下種子。

七月二日

五隻綠啄木鳥 (*Picus viridis*) 在海岬開家庭聚會，震破清晨的薄霧。其中一隻宛如珠寶的綠啄木鳥邊飛邊狂笑。綠啄木鳥會吃蠕蟲和地面的昆蟲，赤楊下的草缺乏光照，稀稀疏疏，到處可見他們啄過的痕跡。

和所有在土地上工作的人一樣，我能藉由動植物的表現預知天氣。綠啄木鳥在英國民間被當作「雨鳥」；法國人仍會稱他為「雨之頂峰」，他那嘲弄的叫聲據說是暴風雨的前兆：

啄木鳥的尖叫
是風雨的宣告

據鳥類學家艾華・阿爾沃西・阿姆斯壯[1]所說，綠啄木鳥曾經是新石器時代的宗教崇拜對象，對啄木鳥的敬拜後來被其他宗教和基督教取代。人們的潛意識仍殘留這個宗教崇拜的痕跡，因為有關綠啄木鳥違抗上帝誡命的故事仍在世間流傳。德國的民間傳說記載，綠啄木鳥不聽從上帝吩咐挖一口井，因為怕會弄髒他美麗的紅綠羽毛。於是，上帝懲罰他再也不能喝池塘或溪流的水。綠啄木鳥必須持續不斷地求雨，飛到空中收下解渴的雨水。

稍晚：天空降下雷雨。無疑是綠啄木鳥召喚的。

七月三日

六星燈蛾在羽化了。是什麼樣的衝動說服了春天的毛毛蟲爬上草桿、吐出莎草紙般的蛹把自己包起來，並相信自己總有一天能展翅高飛？正當我在思索這妙不可言的道理時，草地上那表現主義風格的櫃子裡爬出一隻變態完成的生物。這是隻老態龍鍾的黑色玩意兒，完全無法和進入蛹化階段的胖嘟嘟黃毛毛蟲聯想在一起。午後的太陽讓這隻蛾顯得格外美麗，他的翅膀乾燥張大，而使這種日間飛行的蛾獲得六星燈蛾之名的鮮紅色斑點，也變得清晰可見。但這些斑點嚴格來說並不是鮮紅色，而是偏朱紅色，《酒店》[2]和柏林妓院的那種朱紅。這種蛾翅膀上的紅燈不只是誘惑其他六星燈蛾的裝飾，還能宣示他們是不能食用的。六星燈蛾的幼蟲會從他們的主食百脈根當中的葡萄糖苷吸收氰化氫，從蛹化到成蟲的過程都會保留在體內。這種蛾的俗豔衣裳是在警告掠食者他不好吃，甚至可能極為致命（專業術語就叫「警戒色」）。六星燈蛾在這充滿無限希望的美好午後羽化，他們喜愛的薊也盛放了紫色花朵，下一代幼蟲愛吃的百脈根也已在草地底部開了花。一切都處在完美協調的秩序中。

雖然我試圖把薊限縮在沼澤地灌木籬北端五英尺寬的範圍內，它們仍長得十分茂盛。薊有很鮮明的生存空間意識。沼澤薊零星分布於草地周圍，尤其是在海岬和蠑螈土溝旁。這種薊是二年生的植物，能長到一點五公尺高，因此很難不注意到它的存在。眼前有個特別壯觀的例子，被紋白蝶擠得水洩不通，他們吸食花蜜補充能量後，便如夢似幻地飄去尋找伴侶。

沼澤地入口柵門的薊多到讓我懷疑會打不開。我一直等到現在才用鐮刀刈除它們，是因循英國農夫最古老的一條法則：

五月就砍薊
一夕又長薊
六月來砍吧
時間太早啦
七月再砍掉
才會死翹翹

七月九日

溼答答的早晨變成晶瑩剔透的午後，我帶著伊迪絲一起去射林鴿。又長又溼的草浸溼了橡膠靴以上的牛仔褲，感覺很不舒服。脖子溼透的伊迪絲在蔭涼的橡樹雙胞胎下巡邏草場邊緣，突然停下腳步，卡通般地豎直毛髮。原來她看見了其中一隻狐狸寶寶——現在已經是狐狸少年了——他的鼻子埋進尾巴，在橡樹根之間的一個乾燥凸起處熟睡著，好似一個毛茸茸的紅色椅墊。

我選擇不驚擾睡著的狐狸，這個決定讓伊迪絲很失望。結果，我們也傷不了林鴿；我距離林鴿還有五十公尺以上時，他們就振翅飛出矮林。

七月十二日

盛夏時分，可以聽見整座宇宙。草地和灌木籬生長的聲音、花粉釋放的聲音、粒子在熱浪中游移的聲音，這些聲音全部累積起來是如此龐大，所有微弱的動作合在一起可以產生綿綿不絕的低鳴：夏天的聲音。

同一時間，雨燕用翅膀的大鐮刀割破天空的布疋。洋蓍草的花長得很高，山楂花已經變成又硬又綠的山楂果。蚋黏附在薊上，苗條的橘色菊虎 (*Rhagonycha fulva*) 也在上面交尾。

兒子在客廳沙發放了一堆相片，其中一張是他和學校的朋友拿著一條長得驚人的菊花串鏈。這讓我聯想到和花有關的文化。

許多長在草地的花過去常被女孩們當成愛情護身符。女孩會一邊拔菊花瓣，一邊說：「他愛我、他不愛我……」；拔黑麥草的種子時，則會配合以下的臺詞，判定未來丈夫的本質：「修補工、裁縫、軍人、富人、窮人、乞丐、小偷……」；每一位追求者的名字會被指派給歐洲山蘿蔔（*Knautia arvensis*）的一個花苞，先開花的就是你未來的夫婿；將矢車菊的花全部去除後，塞進胸口，如果早上重新開了花，你的愛就是真愛。

《花朵的語言》給人的感覺比較成熟一點，教導你如何用送花的方式來表情達意。這本書一八一九年在法國出版，作者夏綠蒂・德・圖爾[3]在當時極受歡迎。維多利亞女王也會在自己的頭髮繫上常春藤的葉子，象徵對阿爾伯特[4]的忠貞不渝。

當然，也會用花來為女孩子命名：Daisy（雛菊）、Poppy（罌粟花）、Primrose（報春花）。

還有一些遊戲和花有關，例如「你喜歡奶油嗎？」這個遊戲。毛茛的英文是 buttercup，如果把這種花放在下巴下方會反射黃光，就表示你喜歡奶油。在月圓之夜將一朵高毛茛貼在脖子上，或純粹聞一聞這種花，就會惹人發狂，因此它也俗稱「瘋狂」或「瘋狂賭注」。

人們也喜歡把豬殃殃黏在他人的外套上。

還有我的最愛：將一片厚厚的草葉用拇指壓成草笛，用嘴吹出聲。根據柔軟度的不同，吹出來的聲音可能像呸呸聲、杓鷸的哀鳴或貝多芬《命運交響曲》的低音號。

狹葉車前草的深葉脈為自己贏得「肋骨草」的綽號。其他的別名如「士兵」和「戰士」則反映了人們用它短小精幹的黑色頭狀花序所進行的一種遊戲，類似於敲擊馬栗的遊戲。而別名「火葉」和「火草」所指涉的是，農夫會摸摸看狹葉車前草的葉子，判斷乾草垛的水氣多寡，藉此評估乾草著火的可能性。

花粉分析顯示，新石器時代農業擴張、野生森林縮減的同時，狹葉車前草也隨之散播。我忍不住猜想，新石器時代的農夫是否和我一樣，認為用狹葉車前草判定割草的時機很有用。當狹葉車前草的頭狀花序能拿來玩士兵遊戲時，就可以開始割草了。而且話說回來，現在正值七月，也就是中古時期的月曆建議「拿鐮刀收割草地」的月分。

七月十六日

矮林榛木下，一隻狐狸（我想應該是母狐狸）坐著清洗前腳，落日下看起來就像一團小小的紅色炭火。十公尺外，一隻兔子坐在蟻丘頂，完全落入狐狸的視線範圍內。兔子也在清潔身體，用兔掌擦拭臉蛋。他們無視對方的存在。在這個開滿忍冬的美好黃昏，獅子可以和羔羊和平共處，狐狸和兔子也是。

七月十九日

飛蟻日。數以千計的黃土蟻在這宜人的午後從下草地和河岸地的蟻窩傾巢而出。這是一場精心設計的共和黨革命；雖然相隔兩百公尺，兩地的無產階級卻幾乎在同一時間——下午五點十五分——放出長著翅膀的蟻后和她們的配偶。

蟻丘上爬滿了螞蟻，他們昏昏沉沉地飛上天空，雄蟻追逐蟻后，要在高空交配。就像百米短跑俱樂部。不一會兒，這些有翅膀的螞蟻上升為縷縷輕煙，到處飛、到處停，停在我的頭髮上、我的手上，我越是撥掉他們，似乎就有更多停在我身上。煙霧散去，讓草地上空飄移的空氣染上一抹灰。

蟻窩之間能做到像鐘錶一樣的同步，是個很聰明的巧計。多個來自不同群落的螞蟻同時飛到空中，可以減少近親繁殖的機率。此外，掠食者也無法應付突然大量湧現的食物；白鶺鴒正在瘋狂掃貨，斑鶲跳下圍籬，瞄準經過他面前川流不息的螞蟻，空中也出現了各種燕子。然而，鳥兒能吃的也就只有這麼多。

受孕的蟻后會活下來，在某處建立新的群落。大自然裡，沒有任何東西會被浪費。死掉的黃土蟻會滋養草地的土壤。塵歸塵，土歸土，血肉歸血肉。

洋蓍草的頭狀花序是白色的，好比精美拼接首飾的一個個小圓片。然而，辨識這種植物的關鍵其實在它那非凡的葉。長長的葉子分裂成無數小葉片，因此拉丁學名才會有 *millefolium* 這個字，意思是「千葉」。和洋蓍草有關的民俗傳說可能是所有植物當中最多的。

在古希臘神話中，阿基里斯就是使用這種植物為特洛伊戰士包紮傷口；在中國的《易經》裡，計算乾燥的洋蓍草莖是一種占卜方式；凱爾特人相信，這種香草具有影響心理狀態的屬性，能讓喝下的人看見未來的配偶；相較之下中古時期的英國人就務實許多：人們認為洋蓍草的苦味很適合放進啤酒調味。

我摘取這種植物，則是因為它煮出的茶頗能提神。

割草向來令人頭痛，尤其是用老派的方法割老派的草地時。杓鷸的雛鳥到了七月的第三週才長到可以飛行的程度。有一天早晨，我在馬路地碰巧望向草地的方向，看見他們離巢。四隻杓鷸繞著圈圈，接著飛過我的頭頂，排成一直線，飛越山脈，穩穩往西行。他們沒有注意到我，但我仍愚蠢地像個面對孩子長大離家的父親，既驕傲又悲傷。

割草的時節還必須考量其他野生生物。黃鼻花的種子要到最後一週才會長好，而我想要促進它的生長。有一隻雲雀還在孵蛋，因此我在她四周圍出一塊地，這樣她就能在一座未割草的孤島上毫髮無傷。草地鷚正在孵第二窩，所以她也獲得一座私人島嶼。

割草時，鄉村表面的祥和與我內心的狀態差異最大。俗話說得好，趁太陽大時割草。可是，在這座年降雨量四十英寸的英格蘭西部山腳下，太陽何時才會大？我不斷關心廣播的天氣預報，還上網 Google 天氣，特別是斯堪地那維亞的報導，因為我們的朋友安妮說服我，說北歐人的預報最可靠，跟他們的車一樣。我在找的是富豪汽車等級的天氣預報。

而我真的找到了。有一個瑞典的天氣預報員對赫里福德郡西南方的天氣可以做出近乎百分百準確的預測，他賜予我整整十日的乾爽天氣，就從七月二十四日開始。

我從中午開始割草，這時露水已經蒸散，升高的氣溫帶起花粉，草場聞起來像蜂蜜般甜美。

好玩的是，一些小事就能讓光陰倒流。幾年前，我把曳引機駕駛艙的門和後車窗拆了，這樣坐在曳引機裡面比較涼爽，也能獲得更真切的體驗。此外，把多餘的裝飾拆掉，也更容易逃生；駕駛艙有一次電線走火，我很快就跳出車外逃命。儀表板現在看起來仍像達利的畫作。每當我坐進這個幾乎露天的駕駛艙，就會想起爺爺的一張照片。照片中，他正開著一輛福格森T20，別過頭去專注看著後面犁的地。T20閃閃發亮，下過雨後更是如此。爺爺裹著一件灰色雨衣，車上沒有駕駛艙。

我從爺爺的年紀和那輛福格森的新穎程度來判斷，猜測這張照片是在一九五八年左右拍攝的。他們大約在一年後扼殺了農業，在曳引機上加裝駕駛艙。農夫再也無法經歷風吹雨淋，甚至不能親近土地。農夫現在只要坐在一個有暖氣和收音機的小小行動辦公室，操縱控制桿即可。我曾經坐過有空調系統和電漿電視的曳引機，你大可把腳抬高，一切都交給電腦處理。

由於曳引機不能一百八十度轉彎，因此割草和犁地時都是以橢圓形來進行，割到草地的盡頭就大幅度轉向。最終，曳引機的平行車痕會相連在一起。

用棒狀割草機喀哩喀哩割了二十分鐘後，我已經完成半英畝，割好的草躺在地上，就像絢麗的都鐸式長辮子，中間交織著毛茛的黃、菽草的紅、百脈根的橘黃，並由剪秋羅的粉紅以及錐足草、繁縷和卷耳的白點綴。割下的黃花茅散發濃烈的香氣，足以掩蓋國際牌引擎蓋排氣管冒出的藍色柴油煙霧的味道。太陽高掛在一片純樸的藍天上，就像創世的第一天。

不久後，田園的美好意境在一陣刺耳與混亂之中戛然終止。割草機撞到石頭了（是的，很有可能是我的鼴鼠丟出來的）。其中一個切割器彎了，另一個斷得支離破碎。

我回到屋子裡，花了一小時上網找替代品。我能找到最好的價格是一個三百三十九英鎊的二手貨，可是運送時間是個問題：最少要三天。於是，我打電話問鄰居是否可以商借割草機，但他們的不是不合適，就是他們要使用。他們說的一點也沒錯，從敞開的窗戶，我可以聽見丘陵和谷地充斥著割草機的聲音。

我想，我知道自己要做什麼。甚至，我不敢肯定那顆搞砸大事的石頭不是我透過某種超自然的能力安排的。

在牛棚裡，一把鐮刀和其他很久以前人們所使用的工具擺在一起。一把死神使用的鐮刀，有著山胡桃木製成的蛇狀刀柄和兩個握把。我決定徒手割草。

好玩的是，一些小事就能讓光陰倒流。我把刀柄抵在地面，磨刀石斜斜地朝上拂過刀刃，將刀鋒磨利。我看見父親的身影套疊在我身上，看見他像《三劍客》的人物達太安那樣，用鋼鐵磨利星期天要用的切肉刀。

英國的鐮刀像個怪物，有著厚重的白蠟樹握把和粗鋼刀刃。這把鐮刀樣式古老，是我們搬進來時在牛棚找到的。此樣式是為二十世紀初的赫里福德人所做，也就是身高約五尺六寸的人。但是，白蠟樹刀柄的蛀洞很多，於是我把用金屬夾固定在刀柄上的握把移動四英寸以上。好的鐮刀就像好的獵槍，必須去迎合每一個人的手。在那個我永遠尋求不到的完美世界裡，鐮刀應該要客製化。

用鐮刀割草的訣竅就是要讓刀刃平貼地面，離地表只有一毫米，接著以圓弧的方式揮動鐮刀。揮動時要彎膝，重心（若是右撇子的話）從右腳轉移到左腳。用鐮刀割草的人姿勢如果正確，看起來就像是在打太極。我會知道這些，是因為我用過鐮刀。少年時期，我會用鐮刀割除我們家果園樹與樹之間的草，因為這些地方很難使用割草機。自那時起，我就一直使用鐮刀除草。

然而，這天早上割草時，大部分的草都順著鐮刀低頭，然後又彈回來，一邊咯咯笑。隨著每分每秒逝去，草變得越來越乾，更無濟於事；應該要選在早晨露水多的時候用鐮刀割草。

此外，不停揮舞鐮刀需要非常大的力氣。由於刀刃每十分鐘就要磨利一次，我便開始希望預定的磨刀時間趕快來臨，讓我能把磨刀石從水桶中拿出來，沿著刀刃拂過。我的手也開始起水泡了。我腰酸背痛，臉被曬得烏漆抹黑；說得不客氣一點，我看起來就像在貝尼多爾姆[5]度假的英國佬。我還割傷了手指，因為我愚蠢地劃過刀刃，想確認刀是否磨得夠利了。在大太陽底下工作兩個小時後，我只割了四分之一英畝左右。若是用曳引機，只需要五分鐘，甚至不到五分鐘。

佩妮像天使般從汗水瀑布中現身，帶了一杯熱茶。她苦笑地問：「進展如何？」

我大聲說：「棒極了！」我不是在說笑。除了接生小牛之外，過去這十年的農作從未帶給我這麼大的滿足感。

我處在近乎狂喜的狀態中。我割下的草整齊地在鐮刀圓弧的左側形成一列列的乾草列，在近距離的狀況下，黃花茅的氣味之強，讓我覺得這一定是住在世外桃源的人使用的除臭劑。然而，讓我哼起歌來的，是割下的草的模樣與觸感。我現在重拾了用鐮刀割草的技巧，一片片割下的草葉如絲綢般滑落，互相堆疊，就像是用玻璃製成般精巧。

用割草機割下的草很多都被壓碎了。先前，我以為這是好事，因為碎裂的草可以更快釋出溼氣，畢竟乾草一定要乾燥嘛。但，我現在割的草給予我不同的啟發。我可以看得到、聞得到它的品質。

那天下午，我用耙子翻動乾草列。

我搜尋記憶的迷宮，想找出我曾在哪裡讀到一段關於徒手製作乾草的好處，最終在約翰・史都華・科里斯的《蟲子原諒犁》[6]找到了這段文字。這本書是他在第二次世界大戰期間所寫的自傳，講述他在土地上勞動的記事：

農業勞動者很少會讚美工作，或承認自己享受工作方面的任何事情。除了年紀大的人以外，無人抗拒機械設備的引入。然而，製作乾草卻是例外——至少這裡是如此。人人都討厭現在的製乾草工作，讚美昔日的方式。在當時，製乾草被當作是在度假，全家人都在草場上野餐，更別提那一大堆的啤酒了。

傍晚，我走在乾草列之間，熟悉的草場有一部分變成辮子，給人一種不太協調、甚至充滿異地情調的感覺。不是只有我體會到度假的解放感以及草地變成另一個國度的感受。遠遠那頭的堤岸下方，小兔子以驚人的速度興奮地繞圈圈，很開心不用再受到長長的草所束縛，阻礙自己行進的速度。

那個八分之一英畝的沼澤角落還沒被割，提醒我今晨黎明時，草場這一頭的原貌。在這裡，喜歡潮溼的山蘿蔔綻滿花朵。山蘿蔔（*Succisa pratensis*）可以告訴你草地有多麼古老，淡紫色的球狀花朵點著頭，比它的英文名字（devil's bit scabious，「魔鬼咬疥瘡」）還要美麗多了。

這種植物和惡魔有什麼關係？根據十五世紀的植物誌《健康花園》[7]，山蘿蔔是構成惡魔的黑暗材料、他力量的來源，聖母馬利亞中斷他的邪惡勢力後，他就憤怒地咬掉這個植物的根。另一個傳說恰恰相反，說山蘿蔔的根部貌似斷了一截，是因為這種植物可以有效治療人類的疾病，所以路西法一氣之下就把它的根咬到只剩一小段，使其功效減半。在這個版本裡，「疥瘡」指的是傳說中山蘿蔔治癒皮膚病的能力。

山蘿蔔是沼澤豹紋蝶的食物來源。這種蝴蝶在英國較為稀有，過去一百年來數量減少了一半以上。到了七月，這個角落的山蘿蔔通常會出現很多這種蝴蝶的黑色毛毛蟲。沼澤豹紋蝶是一種古怪的昆蟲，在各地消亡的原因不明。但，我們的絕對不會消失，對吧？

隔天早上，我和雲雀一同起床，早早就到滿是露水的草地上。今天，我做了比較充分的準備：我找到一雙父親的舊鞣革手套，那種好似在說「給我來杯琴通寧！」，或是我母親會用來搭配她騎馬時所戴的那條頭巾的手套；此外，我還用一個礦泉水保特瓶來攜帶磨刀石，可以掛在腰帶上。因為我沒有真正的乾草耙，所以我把花園耙改造一下，用鉗子將鋼叉分開。

用耙子鬆開、鋪開乾草列之後，我開始拿鐮刀割草。到了午前茶點的時間，即農業勞動者自古以來用來休息、止渴的十一點鐘，我已經割了四分之三英畝。

咻。咻。草碰到刀刃倏地落下的輕柔聲音。

在我經過之地，草葉齊平形成八英尺寬的乾草列。那些古時候的鄉下人可能一天就能割好這五英畝的草場，但我的經驗不足，一天能割一英畝就很厲害了。應該說，除了經驗不足，體能也不足。現代人——即使是依靠體力的勞動者——也比不上維多利亞時代的農夫，更別說中古時期的農人。然而，斯堪地那維亞的天氣之神賜予我十天的好天氣，所以我的時間還夠。

揮刀夷平長長青草的弧狀動作，伴隨著反覆的嗖嗖聲，十分催眠，使我陷入沉思。割草的農夫一向是草地的哲學家：

我雖異事，及爾同僚。
我即爾謀，聽我囂囂。
我言維服，勿以為笑。
先民有言，詢于芻蕘。

節選自《詩經・大雅・生民之什》

人們需要神諭或答案時，總是去問芻蕘，也就是割草人。

羅伯・佛洛斯特在〈割草〉[8]這首詩中表示，用鐮刀割草是「勞動者所知最甜美的夢」。我的長鐮刀也對大地低語，將乾草排成一列。

我十四歲時，愛上綻滿花朵的草地。那塊地就位在懷爾河畔，由一道木柵門完美點綴。我愛的一切幾乎都和草有關。鵝、羊、牛、馬。連狗也會吃草。

約翰・克萊爾在草地上找到寫詩的靈感。有時，我找到的是寫字的靈感。沒有什麼事物能像在土地上工作那樣，種植、收割一行行的散文。

我從來沒有像這樣如此靠近草地上的動物：堅忍不屈地抓著羊茅搖搖欲墜的葉子的盲蝽；決定跳上羊茅葉的青蛙；即便刀刃朝他揮去仍吸食白菽草花蜜的草地褐蝶；還有那隻躺著的兔子，一個快閃，變成帶著白尾巴的電光。

現在我知道古時候的割草人在開始割草前把褲管束起來的原因了。一隻困惑的褐色田鼠朝我跑來，爬上我的腿，爪子如迷你雷射刀般抓住我的腳、刺進我的皮膚。我穿的短褲很寬鬆，所以我在那一瞬間緊張了一下。我發出高分貝尖叫，做了一個像是蘇格蘭雙人舞的動作，令那隻田鼠嚇得跳開。

到了一點鐘，我已經割了一英畝左右。午後，我翻動牧草，使其乾燥。

夏日雖然有各種可見或不可見的活動在進行中，但整個地景也有一種靜止之感，彷彿被關在玻璃罐裡。

若真要說，我隔天更早就開始割草了，因為到了午前茶點時間，我已經快被熱死了。我的製乾草模式現在已經跟上都鐸農夫能理解的節奏了，早上割草，下午翻草。今天，草場瀰漫霧靄，削弱了熾熱烈陽的鋒芒，這對我或對割下來的草都很好，因為牧草有一點很棘手，不能曬到太強的陽光，否則就會褪色，變得像放進碎紙機的辦公用紙般了無生氣。

下午也是裝運乾草的時間，樂趣就從這裡開始。我在四噸拖車的周邊綁上圍籬，增加高度，接著將拖車裝在國際牌後面，拖到草地上。我有一把乾草叉。所以，哪有什麼比將牧草叉到拖車上更容易的做法？

隔天下午，答案出現了。鬆散的牧草多得嚇人。把一噸的牧草叉到拖車上，簡直快讓我的背斷掉。我把曳引機開到院子，拖車就像一艘西班牙大帆船在身後航行。我將乾草扔進閒置的馬廄裡。

那天晚上，我幾乎無法動彈，走路彎著腰，就像一個得了腸胃炎的老地精。

經過了四天，我已經割了三英畝左右，速度降到和蝸牛差不多。但我突然靈光乍現。我把兩張四點九乘七點九公尺的防水布帶到草地上，把防水布攤開來，就能輕鬆地將耙成一小堆一小堆的乾草滾到布上。接著，我就可以用吉普車把防水布拖回農場，拉到正確的位置，把乾草滾下來。滾上去，滾下來。不需要斷背的乾草叉。

唯一的難題是，當我拖著防水布經過牛隻吃草的草場時，無角紅牛會攻擊防水布，用頭不斷頂撞。他們會站在第二張防水布上，導致防水布脫離吉普車，在我還來不及趕走他們前，就開始吃起布上的草。

我覺得，他們的大快朵頤對我的牧草是一種讚美。

這天的其他時候，他們拒絕遠離蔭涼處，待在那裡揮動尾巴驅趕昆蟲。

虻叮咬的時候無聲無息，但卻殺傷力十足。他們不只來一隻兩隻，而是整個軍團一起來，在遠處就受到汗水的氣味所吸引。我像馬兒一樣動來動去，一直覺得會被咬，只要皮膚感覺到有東西，就神經兮兮地拍下去。虻如果突破了防線，將口器扎進我的皮膚，我就一巴掌把他們打死。虻的學名 *Haematopota pluvialis* 意思是「雨的吸血者」。他們長半英寸、顏色為石板灰，別名 gadfly 指的可能是這種蚊蟲徘徊不去的習性，或者和中古英語用來表示尖銳工具或鋼鐵的單字 gad（跟「刺棒 (goad)」同一個字源）有關。

打死叮我的虻之後，我把血擦在衣服上。我看起來活像《德州電鋸殺人狂》的主角。除此之外，我也有遭牛虻（胸部毛茸茸的一種虻）叮咬，雖然他們應該比較喜歡牛才對。晚上，我欣賞著我的成果。雖然有虻，但是如果所有的夏夜都像這樣，那麼永生有再多的夏夜也不夠我們享受。我咬著一根逃過鐮刀的狐尾草。

又是一個美好的玫瑰色夏夜，就在赫里福德這個無名的郡縣。

年幼的鵟鷹在空中翱翔，將草地當成他們的幼兒園狩獵場。林鴿在橡樹上懶洋洋地咕咕叫。蚱蜢也在唧唧叫……有那麼一剎那，我覺得我聽見夜鷹的聲音。

在一個像這樣溫暖無風的夜晚，曾有一隻夜鷹在此出沒。在近乎黑暗的環境中，他的顫鳴似乎發自地景本身，彷彿大地在振動。接著，那隻鳥飛起來，剪影映著落日，在山頂的相對位置翻了一個跟斗。至少，在那完美的視覺陷阱瞬間，看起來是如此。然後他就飛走了。對夜鷹來說，草地只是前往埃威亞斯哈洛德公地或山上的中繼站，並不是家。

我白天時曾在公地看過他們，像在樹上歇息的大蜥蜴。夜鷹並不漂亮，毛色灰褐、嘴巴張得老大。據說，他們會偷山羊奶，因此俗名稱作「吸羊奶的鳥」。事實上，夜鷹只會吃蟲，像燕子一樣在獵物飛行時捕食，只是他們是在夜間捕捉獵物，而不是白天，並使用嘴巴兩側的刷毛將昆蟲送進無法回頭的深淵。

我決定在星空下入眠。

有人說，如果你記得六〇年代的事情，你就不是真的經歷過那個時代。同樣的，如果在星空下過夜沒被蚊蟲咬或聽到窸窣聲，你就不是真的在星空下睡過。最好是露天睡在睡袋裡，而不要睡帳篷，因為帳篷說穿了只是另一種房子。今夜，我以蒼穹為屋頂，以灌木籬為牆。遲來的夜間鳥類和早到的夜間蝙蝠列隊飛過我頭上。一隻刺蝟吸了一下鼻子，聽起來像人類的哼氣聲，嚇了我一跳。

寒鴉似乎沒有睡覺，因為他的幼鳥沒有危機意識，需要嚴厲地大聲教導。顯然需要非常大量的教導。

然後，草場柔軟的雙翼將我包覆。

有一首童謠這麼唱：一個人去割草，去割草地上的草。

割草在過去是一種團體活動。不過，那些關於割草的輕快英國傳統民謠告訴我們，滾乾草也包含在一天的活動中：

在五月這個歡樂的春季月分，
清澈的河川在遠方草地流奔，
小伙子和小姑娘上那兒割草，
為的是看看小魚兒嬉戲熱鬧。

三個快活男子拿鐮刀割草地，
皮罐裡裝著深褐色瓊漿玉液；

能幹的年輕人到這兒試身手，
磨刀又割草，使勁讓草乾透。

張三李四帶了叉子與耙子來，
雙眼閃亮烏黑的阿美也過來；
從早到晚，當我們在製乾草，
都有燦爛陽光與歌唱的小鳥。

從鎮上來的兩個歡樂吹笛者，
拿出鼓和笛，使姑娘唱起歌。
明亮的太陽神此時就要落下，
於是他們收工，丟下叉與耙。

他們開開心心地跳著吉格舞，
躺在小乾草堆上一直到日出。

從早到晚，當我們在製乾草，
夜鶯牠甜美的歌聲始終繚繞！[9]

另一首歌〈當我路過〉，唱的是：

快活的年輕水手走過草地
欣賞花兒賜予的一切美麗
他看見一名穿罩衫的少女
忙著將割下的草耙梳集聚[10]

天氣極度熾熱的時候，我會裝出一副可怕的西部荒野口吻，說：「熱得跟地獄一樣啊。」孩子們都討厭我這樣子說話。

太陽一升起我就必須起床，才能搶先暑熱一步，但即便如此，到了十點，天氣還是比陰曹地府炎熱。酷烈的晨光將山脈的每一個細節展露無遺：每一隻羊、每一棵零星的山楂，還有紅丘飽經風霜的岩石面。

我越來越常在河邊休息。動物吐出的泡泡像一支支小艦隊朝我靠近。落葉被風吹得滾動。翠鳥飛過去，發出「嘰、嘰」的鳥鳴聲。綠頭鴨媽媽溫柔地呼喚僅存的四隻小鴨，他們現在都和她一樣有褐色的保護色，在大家都已經熟悉的安全路徑上向前划。我走回草地時，驚動了一隻正在曬太陽的鏈眼蝶，他便振翅升空，翩然飛走了。這種金黃色的蝴蝶在英文裡被稱作「看門蝶」，正是因為這種騰空飛起的習性，讓人想起古時候負責看門的職員，客人出現就會馬上坐起身。

現在是七月下旬，而這是今年我看到的第一隻鏈眼蝶。

成蝶只會在懸鉤子、黑刺李和山楂叢底下的草上產卵，因為這裡的草不會被動物啃食。夜裡，我戴著頭燈到沼澤地一個受到鐵絲網保護的角落。鏈眼蝶的幼蟲在夜間活動，是沒什麼特色的咖啡色毛毛蟲，以草為生，特別愛吃羊茅、剪股穎和早熟禾等纖嫩的種類。找了一個小時，我還是沒找到鏈眼蝶的毛毛蟲。

不過，草地上的山蘿蔔倒是掛滿了沼澤豹紋蝶長滿棘刺的黑色毛毛蟲。

此時，西洋夏雪草 (*Filipendula ulmaria*) 已經輕快地伸出灌木籬，進到蠑螈土溝旁潮溼的土地。西洋夏雪草在過去的英國鄉村很常見到，後來跟它主要的棲地草澤地一起消失了。夏天盛開的乳白色花朵聞起來甜甜的，若是專業釀酒師，還會聞出杏仁的味道。在都鐸時期的英國，西洋夏雪草是重要的「鋪灑香草」種類之一，灑在地板上當作空氣芳香劑。偉大的植物學家傑勒德[11]甚至還說，西洋夏雪草：

> 比其他的鋪灑香草更適合用來裝飾房子，灑在房間、廳堂和夏日的宴會廳，因為它的氣味能讓心情歡欣雀躍、讓感官愉悅。它也不會像其他甜味的香草那樣，引起頭痛或厭惡感。

在一九一四年六月那個酷熱的日子，蒸汽火車難得停在艾鐸斯特拉站，吸引艾華・湯瑪斯[12]目光的，正是西洋夏雪草以及「柳樹、柳葉菜和青草」。他因此在大戰前夕，用詩歌為英國田園捕捉了美麗的意象。

有些人說，西洋夏雪草的花會發出汽水的嘶嘶聲；有些人說，這種花和香草棉花糖一樣細緻。我只知道，在六月到九月開花的西洋夏雪草又有草地淑女、草地少女、草地女王等別稱，點出了它陰柔的纖弱氣質。根據威爾斯的神話故事集《馬比諾吉昂》[13]，魔法師瑪斯和桂第昂使用橡樹、金雀花和西洋夏雪草的花創造出「任何人見過最美麗的女子」——布蘿特薇，意思是「花容」。西洋夏雪草如此具有女性的優雅特質，就連在愛爾蘭神話裡，阿爾斯特系列故事的英雄人物庫胡林[14]也透過洗西洋夏雪草浴來冷卻自己的怒火。

布蘿特薇後來成了企圖殺夫的姦婦，而西洋夏雪草就像這位美麗的女郎，也有不可告人的祕密：其深色的葉子帶有微弱的消毒藥水味。因此，這個植物矛盾的特質也反映在「苦甜草」和「求愛與婚姻」等相互矛盾的別名上。就連它的英文名稱 meadowsweet 也會誤導人，因為這個植物並不是因為喜愛草地環境才被取了這個名字，而是因為它的葉子可以讓中古時期的蜂蜜酒帶有苦味和香氣。所以喬叟在〈騎士的故事〉裡才稱這種植物為 medewurte，即「蜂蜜酒草」。可以說，西洋夏雪草在文學和歷史上都占有一席之地。青銅時代的墓葬地點就曾出土西洋夏雪草；據說，德魯伊人將它列為最神聖的香草之一。傑勒德說這種植物具有不會引起頭痛的特點，說得一點也沒錯，因為其頭狀花序含有水楊酸，而費利克斯・霍夫曼[15]在一八九七年便成功用它合成出水楊苷的變化版。霍夫曼的雇主拜耳公司借用西洋夏雪草的舊學名 *Spiraea ulmaria*，將這種新藥取名阿斯匹靈。非類固醇消炎藥因而問世。

在這個熱得像火爐的午後，沒有鳥兒想要唱歌，而我不太確定一公尺高的西洋夏雪草比較像是聚在一起要去參加舞會的少女，還是像白色的浪頭。我撿了二十枝西洋夏雪草的花序，要做農村酒。它的花蜜具有致命的吸引力，讓一群佩帶蚜蠅在我把花放進袋子裡時，也不願放開吸食花蜜的口器。昆蟲很愛西洋夏雪草，會造成蟲癭的蚊蟲 *Dasineura pustulans* 已經鑽進它的葉子，留下醜陋的黃色水泡；各種蝶蛾的幼蟲也以它為食。

蛾雖然明顯是蝶的親戚，但他們的名字肯定也詩情畫意嗎？幼蟲只吃西洋夏雪草的蛾有：小白浪蛾（這個名字多適合喜愛西洋夏雪草的蛾啊！）、越橘捲蛾、藍灰剪蛾、希伯來字母蛾、小黃夜蛾和稀古毒蛾。還有，誰不想看到粉貴格蛾呢？不過，最常吸食下草地西洋夏雪草的，是名字相對平凡的褐斑夜蛾。

那天晚上，我帶狗一起到沼澤地察看牛群。拉布拉多犬衝過柵門，進入草地，奔向發亮的西洋夏雪草。一隻小貓頭鷹從灌木籬頂端飛起，發出不悅的尖叫聲。貓頭鷹的威爾斯語是 blodeuwedd，布蘿特薇，這位花容月貌的女子在犯罪後受到的懲罰就是永遠不得在光天化日之下露面。

西洋夏雪草的煞白就是蛾的燈塔。我的頭燈照到一隻正在吸花蜜的狐蛾，還有一隻應該是薩提爾蛾，名字也很美。

編註

1 艾華・阿爾沃西・阿姆斯壯 (Edward Allworthy Armstrong, 1900–1978)，英國鳥類學家，以研究鳥類行為著稱。

2 《酒店》(*Cabaret*) 是一部音樂劇，改編自克里斯多福・伊薛伍德 (Christopher Isherwood) 的小說《柏林故事集》，一九六六年在紐約百老匯首演後，一九七二年被改編為同名電影。

3 十九世紀維多利亞時代流行使用花草植物來表達情感。夏綠蒂・德・圖爾 (Charlotte de la Tour，本名 Louise Cortambert) 的《花朵的語言》(*Le langage des Fleurs*) 是第一部花語字典。

4 維多利亞女王在一八三七年登基，一八四〇年與阿爾伯特親王 (Prince Albert of Saxe-Coburg and Gotha) 結婚。一八六一年阿爾伯特親王因病逝世，女王傷心欲絕，此後終生穿著黑色衣服。

5 貝尼多爾姆 (Benidorm) 位於西班牙瓦倫西亞自治區阿利坎特省，緊鄰地中海，是著名的度假勝地。

6 約翰・史都華・科里斯 (John Stewart Collis, 1900–1984)，愛爾蘭傳記作家、田園作家，也是生態保護運動的先驅。《蟲子原諒犁》(*The Worm Forgives the Plough*) 一書根據他在第二次世界大戰期間的務農經驗寫成，是自然書寫的經典之作。

7 《健康花園》(*Hortus Sanitatis*) 是第一本自然史百科全書，一四九一年出版，深受中世紀人們的歡迎。

8 羅伯・佛洛斯特 (Robert Frost, 1874–1963)，美國詩人、普立茲詩歌獎四度得主，擅長以寫實技巧描繪新英格蘭的鄉村生活與日常百態。〈割草〉("Mowing") 收錄在他的第一本詩集《少年的心願》(*A Boy's Will*) 中。

9 〈快樂的製乾草人〉 ("The Merry Haymakers") 最早收錄在一九六一年的合輯 *Jack of All Trades* 中，由英格蘭知名民謠樂團 Copper Family 演唱，後來陸續被其他歌手翻唱。

10 根據第十一期《民謠社會期刊》(*Journal of the Folk-Song Society*, no. 11) 的記載，這首民謠出現在一九〇六年英格蘭西南部的城鎮韋勒姆。

11 約翰・傑勒德 (John Gerard, 1545–1612)，英國植物學家。他在一五九七年出版的著作《草本植物》(*The Herball, or Generall Historie of Plantes*) 是第一部植物目錄，至今仍深受草本療法愛好者的歡迎。

12 艾華・湯瑪斯 (Edward Thomas, 1878–1917)，英國詩人、小說家、評論家，詩作結合田園與戰事描寫。

13 《馬比諾吉昂》(*Mabinogion*)，中世紀威爾斯神話與民間故事集，收錄中世紀以前流傳的口述故事。

14 庫胡林 (Cú Chulainn)，愛爾蘭神話中的半人半神英雄，擁有媲美阿基里斯的強大力量，能單獨對抗一支軍隊，發起狂來如野獸失去控制。他是忠誠的戰士，卻受敵人陷害而死，年僅二十七歲。

15 費利克斯・霍夫曼 (Felix Hoffmann, 1868–1946)，德國化學家，在取得化學博士學位後進入拜耳公司實驗室工作。霍夫曼首先合成阿斯匹靈一事頗受爭議，另一說法為他的前輩阿瑟・艾興格林 (Arthur Eichengrün) 才是首先合成者。

八月

兔　子

Rabbit

八月一日豐收節

這個節日的撒克遜語是Leffmesseday，意為麵包節。傳統上，這一天要將牛群放回牧草地，讓他們在割過草的草地上吃草。然而，今年這片草場不會這麼做，因為我仍在用鐮刀割草，還有翻草、運草。

割草成了一場硬仗。我不確定自己能否了結這片草場，還是草場會了結我。我帶了一個堅固耐用的長柄除草機，和鐮刀交替使用。

使用除草機使我繃緊下顎全神貫注。除草機的表現還可以，但割下的草不會形成一列一列的，而是散落各處，雙重切割也讓牧草變得像蓬鬆的糟糠。

而且，在噪音和濃煙之中，我完全喪失了割草的平靜與祥和。我用長柄除草機割了一早上的草，然後把那玩意兒給關了，聆聽片刻的大自然：

咻咻。

呼呼。

噗噗。

嗡嗡。

還有艾斯克里河從一個岩床踏下另一個岩床時發出的謹慎拍撻聲。沒有車，沒有飛機，沒有內燃機。白雲建成的城堡如皇家隊伍一般莊嚴地走過。

我不確定現在是幾點幾分，因為我沒戴錶。農作不是照表操課的工作，而是由光線和天氣決定的工作。不管怎樣，薊就是一個很好的日晷了。它們現在沒投下什麼影子，表示太陽在正上方。大概是正午。

暑氣與塵土。許多蝴蝶在未割草的地方翩翩飛舞。一隻林鴿於白蠟樹深處發出催眠的咕咕聲，他的配偶坐在搖搖晃晃、勉強可以當成鳥巢的眾多枝條上。這是今年的第二窩蛋。最先割草的地方現在呈現乾枯的褐色，兩隻金翅雀在那裡好奇地啄食，撿拾掉落的種子。對這種具有朝廷大臣特質的鳥類而言，他們做出農民的行為還真怪異。他們帶了兩隻幼鳥，現在尚未穿上金紅相間的衣裳，只是一團平庸的褐色毛球。

所以，我又回到嚴峻的割草考驗與腰酸背痛的寧靜。白日漫長，眼眶發紅，臉上沾滿灰色花粉。頭上還戴一頂愚蠢的軍帽，是全家人到法國多爾多涅旅行時買的，上面寫著「到陽光海灘露營」的廣告標語。我割到一處長滿黃花茅的地方，從那圓柱形的花穗和香草的氣味便能輕易辨識出這種植物，但我也差點因此沉沉睡去。若真的睡著，肯定跟卡利班[1]一樣，醒來時，會哭著想再回到夢鄉。

不幸的是，我已經沒空間貯放乾草了。鬆散的乾草占據的空間令人難以想像。我已經填滿馬廄和大部分的牛棚了。

我估計，我每英畝割了一點二五公噸以上的草。我還有三英畝的草要放。只能蓋一個戶外的巨型乾草垛了。

我還有另一個草場要割，那就是六英畝的馬路地。我沒有那種體力可以徒手割完那塊地，所以我打電話給農業外包工羅伊・菲利浦斯。孩子們很高興，因為羅伊會將乾草變成又大又圓的乾草捆，包上現代的黑色塑膠套。

我繼續進行草場的哲學思考：現代草地一成不變的綠可以比喻成鄉居生活。那村裡的人物都上哪兒去了？不過三十年前，我在市集日從學校搭村裡的巴士回家時，車上都會坐滿穿著花呢大衣的老婦人，腿上放了紙箱，裝著氣鼓鼓的雞。舊式布料、藥皂（鄉下人在一九八〇年代以前全都使用藥皂）和雞糞的氣味十分濃烈，令人難忘。那些雞是在赫里福德市中心的牲畜市場買的。那個牲畜市場現在已經換了地點，好讓購物中心進駐。這又有另一層象徵意涵了。

有時候，普利斯先生的女兒茱莉會坐在我隔壁的軟墊座位。普利斯先生在伍爾霍普經營一座小農場，我們總是跟他買聖誕節的火雞。他永遠都把橡膠靴往下翻摺，並穿著紅色吊帶。我不清楚我不喜歡茱莉是因為她那頤指氣使的眼神，還是因為我在心裡不小心把她跟火雞搞混。飼養家禽不是什麼討人喜歡的事。

有一張我兩個阿姨小時候拍的照片，照片裡的她們穿著白裙和白襪。那天應該是她們舉行堅振禮的日子。那是在一九四〇年代，我爺爺還是英國保誠的農場經理。在喬瑟芬和瑪德琳阿姨身後，是一排沒有相連卻綿綿不斷的高大房屋。

看了一下，才會發現那些房屋其實是建得非常完美、間隔一致的乾草垛。

我去睡覺時，我的乾草垛（高度僅十五英尺）站得直挺挺的，還有十分迷人的斜屋頂。到了早上，它明顯呈現比薩斜塔的樣子。我正思忖該怎麼辦時，突然聽到一個可怕的隆隆聲。一輛白色的達富貨車出現在通往農場的車道上，慢動作往前開。貨車中段綁了一條破舊的咖啡色繩子，像皮帶一樣固定住兩邊車門。五年多前從六英里外的多爾修道院搬來這裡後，我就再也沒看過這輛貨車。

大家都叫傑夫・柏瑞哲「棕黑哥」，因為他棕黑相間的傑克羅素母狗常常跑不見，傑夫總會向家家戶戶敲門，問：「看到一隻棕黑相間的小狗沒？」

但他之前從未來到這麼遠的地方找過。貨車在我身旁咳了兩聲停下來，駕駛座的車門打開，一張只剩下排兩顆犬齒的臉往外探。

「看到一隻棕黑相間的小狗沒？」

傑夫瞇起眼用力看著我，腦袋從髒汙的格子襯衫向外伸得更長。

「喔，是你啊。原來你們一直躲在這兒呀。」

傑夫曾經跟我們的朋友尼克與愛麗絲吵了一架。他幫他們做一些挖掘花園的活，但尼克說他工作速度太慢了。傑夫一氣之下，決定也不理我們了。

「假如你看見牠，或許你能把牠帶回來。如果不麻煩的話。」他補充道。

傑夫準備關車門時，瞥見我的乾草垛。

「喔，你這是要做什麼呀？」

我還來不及回答，傑夫就走出貨車，繞著乾草堆。他仔細檢查底部。「你有把它放在棧板上，這樣很好，可以保持乾燥。」

傑夫的眼裡流露出奇異的光芒。「我已經——」他嚴肅地搖搖頭。「多久？四十年吧？沒看過乾草垛了哩。」

他說：「快，我們把這畜生立直，別讓它倒下了。」

我們用一些老舊的鐵道枕木和幾個柵門將草垛立了起來。

「要是有人說了什麼，就告訴他們你沒留意，必須把草垛的側邊拿走。草垛倒下時，我們都是這樣說。」

他回到貨車上，說：「你的乾草很不錯喔。」

這句話從寥寥無幾的鄉村人物口中說出來，真的是一種讚美。

我和他握握手，祝他找到狗狗。

我建造乾草垛時犯的錯誤，和同樣是新手的約翰・史都華・科里斯取得的成功比起來，形成殘酷強烈的對比。他在一九四〇年代下田幹活：

> 建乾草垛最重要的就是要把乾草牆立直，我覺得這很容易理解，卻很難做到，因為我們心裡會強烈地感覺不應該把乾草堆起來，總是覺得乾草會掉下來，而沒意識到後方的乾草可以大力抓住它（乾草抓得和懸鉤子一樣牢，你要把乾草取下時就知道了）。這

種不願將乾草排得垂直四方的心理作用在四個角落時最強烈，但角落也是最需要抗拒這種心理作用、大膽一點的地方。我發現，最棒的做法就是在角落放兩個輔助工具，免去面對邊緣會滑下來的那種心理壓力。然而，一切都非常順利，我也將屋頂做成人們認可的哥德式造型。不需要任何道具，而且這是「我們建過的草垛中最棒的」。它就建在草場的最高點，當天色變暗，我們要離開時，我覺得它映著天空看起來棒極了。花了一整天處理的那些雜亂的乾草堆，現在全部被壓成結實的一塊，尖尖的屋頂勾出黑色的輪廓，在光線映照下顯得如此筆直鮮明。我和其他人一起離開，走下斜斜的草場，努力不要頻頻回頭看它。

八月三日

只剩最後一池反射露水光芒的草浪要割。在靠近樹叢的地方，黑田鼠（*Microtus agrestis*）在這片草的下層挖了隧道；鐮刀劃過，他們時常踩踏的隱匿通道便暴露在陽光底下。田鼠在我面前尖叫逃竄，就像小型鼠疫爆發。炎炎夏日讓田鼠數量大增，幼鼠十四天就會斷奶，母鼠在一年的中間月分可以產下四窩。刀刃劈開一個用草細膩編製而成的甜甜圈，裡面有四隻光溜溜的田鼠寶寶。我將他們蓋好。

英國總共有八千萬隻田鼠，幾乎每一種陸地掠食者都會吃這個不愛出風頭的灰色哺乳動物。我幾乎可以感覺到狐狸和猛禽目不轉睛地盯著這一幕。

在留給草地鷚的那座孤島上，燕子的幼鳥掠過草地，練習追逐的藝術。烏鶇在草場邊緣活動，挨著灌木籬；他們正在換毛，飛行受到束縛，而灌木籬是個安全的庇蔭所。一隻鵟鷹隨風而來，烏鶇害怕地飛到灌木籬，停在上面，做出招牌的翹尾巴動作。

午後，烏雲躡手躡腳飄過草場，大雨欲來。

八月四日

經過了九天，我完成了，草割完了。四點五英畝的草地就和撞球檯的桌面一樣平滑，上面漂浮兩座長髮島嶼。我想，我真的可以說自己認識這片草地的每一根草。

羅伊・菲利浦斯割完馬路地，並將割下的草壓捆好。四處散落著至少三十個包有黑色套子的乾草捆。菲莉妲和崔斯坦很開心，因為他們喜歡在乾草捆上又跳又爬。圓圓的乾草捆就像遊戲場或學校體育館的設施一樣好玩。對我兒子來說，最棒的是，有需要時我會讓他幫忙將乾草捆運出馬路地，和吉普車一起推，就像足球運球一樣。

八月五日

我不曉得我是受到科里斯的啟發，還是想和數十年前的人一較高下。我用最後三十捆乾草建了另一個草垛。雖然稱不上摩天大樓，但對於一棟平房而言，我敢說它還挺不錯的。

八月七日

白晝炸成一片黑，毛腳燕掠過草場，擦出火花。暴雨從西方湧過山脈（那位斯堪地那維亞的預報員準到一日不差）。

根據民間故事，紫色的毛地黃在英文裡之所以被稱為「狐狸手套」，是因為狐狸會將這種花戴在腳上，這樣就可以神奇地悄悄靠近雞，把他們偷走。或許，那隻偷了白得發亮的雞的狐狸就是用了這種詐術。一團亂七八糟的羽毛及被掏空的禽鳥屍首就躺在草地正中央。有那麼一瞬間，我還以為有人放了隻整人玩具店的尖叫雞在草場上。

不，湊近一看，那是一隻真的雞。我把他留給大雨和鵟鷹。

毛地黃在赫里福德郡被稱作血腥男子的手指。它沿著果林土溝乾燥的後堤岸生長，雜亂無章。

那隻雞不是我們的，而是鄰居的。我們的雞有電欄圍著。這個驅逐方法雖然不錯，卻不是絕對有效。狐狸用溼鼻子碰到時，會痛得叫一聲。

狐狸的記憶裡可能還有更多東西，藉由基因一代傳過一代。我是個信奉《舊約》的養雞人。我相信一命換一命，並有一把致命的獵槍。

有多少綠頭鴨幼鳥逃過了狐狸羅網般的下顎？我已經有兩個星期以上沒看見那些野鴨了。

八月十二日

傍晚十分悶熱潮溼。修剪羊蹄的工作做到一半，我到草地上小憩一會，手裡拿著一罐啤酒當獎勵。我撫摸割完草之後呈現豌豆綠的小草。細緻、柔嫩、新穎。

一個打鼾的老人破壞了我的寧靜。至少在那一秒鐘，我以為那是個老人。

刺蝟是灌木籬的典型哺乳類動物，會在圍籬下尋覓蛞蝓、甲蟲等無脊椎動物來吃，冬天時用他那神祕的暗黑之心冬眠。在夏天，他們有時會在灌木籬下做個白天的巢穴，用來打個小盹。刺蝟雖然在上一次冰河期就已經住在英國，但根據瀕危物種人民信託組織的調查，他們的數量在十年內卻減少了百分之二十五這麼多。他們一個晚上可以遊蕩到一點五英里之遙的地方。

說刺蝟會打呼一點也不誇張。他在我那破碎的野生角落的荊棘下發出吁吁的聲音。

那天晚上：薄薄的雲層遮住巨大的月亮，月亮回敬雲朵，潑了它一身的虹彩光輝。灰林鴞在草地上打獵，彷如看不清楚的巨蛾。七月和八月是鼴鼠幼獸第二次大遷移的月分，他們會從自己出生的巢穴長途跋涉五百碼左右。其中一隻孩子氣地跟著我的頭燈光線爬行，幾乎完全靠後腿的力量前進。長長的鼻子不停嗅聞危險。

八月十三日

今天是八月典型的悶熱「犬日」，這個名稱和這時跟太陽同起同落的「犬星」天狼星有關。我看見今年的第一隻鉤粉蝶，硫黃色的翅膀在榛木灌木籬飛進飛出。鉤粉蝶是少數以成蟲姿態過冬的蝴蝶之一，在七月底破蛹而出。她飛上天空，一隻沒被發現的雄蝶追著她。他們隨風來到蔭涼的樹叢，她往下降，而雄蝶（還有我）則緊追在後。她在纏繞赤楊的常春藤上嬉戲，並在那裡交配。

隔天下午，交尾還在進行中。

八月十四日

夜間一條宛如巨蟒的濃霧從狹窄的谷底滑上來，滑啊滑，精確地順著河流的每一個彎，最後躺臥在我們上方，使我們透不過氣。

一群斷奶的小牛被放在圍場旁邊的草地。我們的女孩們為他們歌唱，牛的頭伸向前，發出優美的牛鳴。

八月十七日

我和佩妮放了一天假（雖然做的事和平常類似），到三英里外位於杜拉斯的野花自然保護區走走。這座公園過去曾有五百年左右的時間屬於杜拉斯別苑，也就是杜拉斯帕里家族成員的宅邸，直到他們在一八四〇年時將公園賣掉。新的主人把舊房子和禮拜堂拆除，進行重建。顯然，費爾登家族不希望沒洗澡的維多利亞老百姓出現在他們聞得到的距離內，因此將禮拜堂遷到馬路對面的草地。結果，這對植物帶來很大的好處，墳墓之間的草地成為這座山谷中物種最豐富的地方，還長出紫斑掌裂蘭。如今這塊墓地成了少數免受二號高速鐵路破壞的地點之一。

這座公園總是能為我帶來啟發。下草地是用傳統方式維護的牧草地，而這座公園則如赫里福德郡的人所說的，是「傑作」。花似乎長得比草還多。

八月十八日

我在蠑螈土溝看見掌歐螈寶寶，一英寸長，腮幫子像魚鰭。還看到了灰樹蛙、劃蝽和水黽。空氣中充斥著蚊子的聲音。蚊子的英文名稱 mosquito 來自希臘文 muia，是一種狀聲詞，模擬蚊子飛行時發出的聲音。

沒割草的島嶼上，草被曬成古銅色，看起來像成熟的麥穗。薊的種子是白色的，已經成熟，一碰就會爆開，細緻到可以用來當作女人的化妝筆刷，因此動作必須非常輕柔。整個畫面懶洋洋的；一隻孔雀蛺蝶在河邊的豬草上晾乾翅膀，就像狗狗在火爐前滿足地舒展身子。

獾喜歡被我割過草的地方。午夜時分，三隻很晚出門的獾在月光下一邊搖搖擺擺走著，一邊大啖蟲子。

八月二十二日

傍晚時分，霧靄刷白了丘陵山脈。我正站在草場上，拿著獵槍盯著兔子。兔子約有十二隻，大部分都在吃草，一兩隻正在用前掌洗臉。最先出來的其中一隻是隻碩大的雄兔，他在最靠近兔穴的蟻丘頂排泄，宣示地盤。

我不太清楚目前兔穴裡的親屬關係是什麼狀況，或者這個兔穴和附近其他兔穴有什麼關係。蟻丘周圍有不少兔毛，是內鬥留下的痕跡。理察・亞當斯[2]在《瓦特希普高原》中，曾經像那個詆毀自家產品的商人傑拉德・拉特納一樣，說真正的兔子「很無趣」。動物有我所謂的「危險直徑」，這些兔子認為我離他們四十碼，傷害不了他們。動物也能感覺你的動機，我只要一瞄準好獵槍，他們就會警覺，然後逃之夭夭。

憑著一把槍扮演上帝的角色並不總是有趣。我看準一隻運氣不好的年輕兔子（但不是兔寶寶），因為他最靠近我。我拉開保險栓，前進五碼，接著開火。無論是使用弓箭、獵鷹或獵槍，在草地上獵殺野生動物的行為就和草地本身的歷史一樣悠久。

八月二十七日

白天時在紙上隨手寫下的記事：「榛木上的松鼠把樹扯開，要吃尚未成熟的果實。不太有生態意識。」我應該補上，接骨木的漿果吊燈幾乎已經黑得成熟了。植物是標誌日子、標誌季節的日曆。

下午，我沿著馬路行駛，一隻雪貂從土溝探頭出來，惡狠狠地瞪了我一眼，嚇了我一跳。我停下來。從敞開的車窗，我可以看見柳蘭被吸食花蜜的蜂壓得顫顫巍巍，一隻看不見的黃鵐唱出他的饒舌歌："little bit of bread and no cheese"（一丁點麵包但不要起司）。雪貂和我以懷疑的眼光互相打量對方一分鐘之久。我沒有必要遵守謝弗里斯的觀察守則，身長兩英尺的雪貂非常清楚自己的能耐。我先感到疲累，於是就開走了。我從後照鏡看見那隻雪貂還在盯著我。天氣雖然熱，我卻打了個哆嗦。

八月二十九日

遠方籠罩著野莧菜的迷濛；火紅的梅櫻形成一幅煉獄的景象。花了一整天開著曳引機在六英里外承租的土地上修剪雜草之後，我躺在草場上享受五分鐘的寧靜。我看見一隻狐狸（狐狸窩的其中一隻年輕狐狸）在沼澤地吃黑莓，後腳站立起來，用嘴巴摘果實。懶人的美好時光。

八月三十日

一隻知更鳥在矮林裡唱歌。八月換毛之後，他很早就開始宣示冬季的地盤。一隻大山雀替他伴奏，不斷唱著副歌「踢雀、踢雀」。空氣中透出一絲疲憊。

編註

1 卡利班 (Caliban) 是莎士比亞戲劇《暴風雨》中獨居在小島上的土著，具有半人半獸的外貌，並受到巫師 Prospero 奴役。許多文學評論者認為卡利班代表了原始、純真的人類，也被視為被殖民者的象徵。

2 理察・亞當斯 (Richard Adams, 1920–2016)，英國奇幻小說作家。他的成名作《瓦特希普高原》(*Watership Down*) 以一群兔子為主角，敘述兔子們在末日降臨前夕離家前往新天地，一路上遭遇各種生存挑戰的故事。

九月

豆　娘
Damselfly

似夏似秋的月分。似有教養，似未開化。

我把牛放到沸騰的草場。在果林榛木的陰影下，只有他們糖果般的鼻子透露他們的蹤跡。無角紅牛勉強走到割過草的草地上吃草時，毛皮就像馬栗般發亮。牛對開花的草地很有益處，因為他們吃草的行為會造就高低不一的草，可為鳥類提供適當的築巢與覓食條件。

雖然夏日氛圍尚未完全離去，但能感覺到秋天已經不遠了。沼澤地灌木籬的薊和蕁麻垂著腰，老態龍鍾，相互依偎，無法支撐自己的重量。

烏鴉劃過天空。

黃蜂昏昏欲睡地吸食黑莓。

九月三日

我突然發現燕子已經離去。沒有任何大張旗鼓的儀式，就像變戲法一樣，消失在早晨的迷霧中。我內心嘆了口氣。一輩子分配到的夏天又走了一個。

早上我去察看羊群時，三隻綠頭鴨從空中呼嘯而下，順勢在河面上滑了一段。我後來拿望遠鏡跟蹤他們。我幾乎可以確定這是那隻綠頭鴨媽媽和她的兩個小孩，因為那兩隻有幼鳥的灰色嘴喙。

九月六日

草地上有一隻碧藍色的豆娘，像是由精靈的薄紗翅膀撐起的纖細珠寶。豆娘和他的親戚蜻蜓共同組成了蜻蛉目，自史前時代起就幾乎沒有改變過。他們是工程學的奇蹟，能夠改變四個翅膀任一個的角度和拍打方式，因此可以往上飛、往下飛、側飛、往後飛或甚至停在半空長達一分鐘。有些蜻蜓的飛行速度可達到時速三十英里以上。成蟲是貪婪的掠食者，可以用巨大的凸眼睛鎖定飛行中的大餐；這雙眼睛幾乎能同時看見所有的方向。有翅膀的昆蟲他們通常都吃，蜂也包含在內。大蚊亦然。

現在有一大堆大蚊（也稱為長腿爹地）在草場上孵化，他們木偶般抽動的動作不斷侵擾我，很討厭。一隻大蚊飛到我臉上，四肢爬過我的臉頰。我很想撥掉他，但我知道這個動作會嚇到草場那頭的青少年狐狸。她的毛皮已經不像小時候那樣灰灰的，一身紅毛使她成為耀眼的小明星。

她坐著，定睛不動。

一隻雌斑鶲（這種鳥築巢的時間是出了名的晚）不斷從矮林底下的鐵絲網頂端往下飛，在空中抓住四肢修長的大蚊，接著又回到柵欄的制高點。她就像四元素精靈之中的風精[1]，銀色的身軀咻地飛來飛去。她唯一的孩子也坐在鐵絲網上，給人一種沉默堅持的感覺，彷彿這些食物都是他應得的。

那隻狐狸少女往斑鶲的方向挪近一些，接著又坐下來。

是我把狐狸的意圖想得太邪惡了。她撲上去不是要抓斑鶲，而是要抓大蚊。在這使人無精打采的悶熱黃昏，狐狸和斑鶲一起撲抓大蚊長達二十分鐘以上。

大蚊對狐狸來說稱不上滿足的一餐，這隻雌狐意識到這點，便溜走了。

但對斑鶲而言，大蚊是頓饗宴。隔天，吃飽喝足之後，她就飛向南方過冬。幼鳥也消失了。現在，夏季候鳥只剩下嘰咋柳鶯、黑頭鶯、毛腳燕和家燕還留著。

黃澄澄的月光如魚鱗般片片落在河面上。灌木籬即將枯萎的葉子散發出明顯的甘草味，象徵秋天的到來。

牛雖然受到馴化，但野生習性難改。今晚，他們圍成一圈躺下，頭朝外，以偵測四面八方可能出現的任何危險。月光照射的角度放大了他們的古老與體型。他們就像古生物乳齒象，而我就蹲在這些黑色野獸後方，躲藏起來。

夜裡可怕的聲音使我警覺，因此我來到草地上。但牛兒很安靜，破壞這平靜的反派分子在二十碼外的銀色草地上。那隻老公獾在草地上，從喉嚨發出漱口聲，是獾求偶的聲音。我蹲在那裡蹲得都抽筋了，那隻已經和他結縭兩年的優勢母獾總算是勉強現身，妖嬈地鑽過鐵絲網底下。

他們玩了一下你追我跑的遊戲，但是不太帶勁，畢竟獾對前戲不怎麼熱衷。公獾發出生氣的咕噥聲，爬到母獾背上，用牙齒箍住她的脖子，讓她乖乖不動。光線不足，我無法看見更多細節。但我的腦海浮現了一幅畫面（理由應該不難猜），那就是在維多利亞時期，新娘的父親會把獾的陰莖骨製成的領帶夾送給新女婿，確保他們多子多孫。

特殊的並不是獾交配的樣子或聲音，而是就連在下風處二十碼的地方都聞得到的強烈麝香味。如果你有聞過，就會知道為什麼獾和臭鼬有關係了。

九月十日

赤楊下的河岸鬱鬱蔥蔥，就像春天發綠葉的時節，要很認真找，才會找到秋天的跡象。但，秋天的跡象還是有的：會黏在狗身上的牛蒡、毒芹的種子空殼、黃花柳上那隻獨自困惑地啄來啄去的柳鶯（這還用說）。這隻柳鶯只是過客，但我們其實都是過客。

我沿著河岸走到草場，一隻剛學飛的草地鷚正在練習飛翔，飛上金黃色的空中。我不知道他的兄弟姊妹怎麼了。

怪的是，一隻雲雀也飛上天，彷彿是要給他上一堂大師飛行課。

昨日的雨和今日的暖引出了蛞蝓。一對黑蛞蝓（*Arion ater*）繞圈圈互舔，布滿黏液的身體和他們躺著的綠草一樣溼潤。蛞蝓雌雄同體，纏繞在一起後，他們各自露出白色的陰莖，抱住對方的陰莖。

九月十四日

這沉默的虛空令人震驚。沒有暮噪，沒有昆蟲遍及四處的嗡鳴，長大的羔羊現在也不咩叫了，只會吃，頭始終貼在地面。小孩的塑膠農場玩具還比較真實。

嘰咋柳鶯已經飛走了。

九月十七日

我把牛群從草場移到圍欄，進行政府規定的年度結核檢測。他們聞起來棒極了，散發著毛茛、黃花茅和大量青草的味道。好牛聞起來就該如此。牛背反射閃爍的陽光，充滿夏日的容光煥發。

這是一年之中我最不喜歡的日子。牛兒在狹窄的鐵欄杆通道裡排排站，獸醫拿著看起來很像釘槍的儀器在他們的脖子上打一針。如果對試劑產生陽性反應，就會被屠宰。沒有任何商量的餘地。我必須等上四天，全身包覆著綠色塑膠和橡膠的獸醫才會回來宣布結果。

吉米・哈利的時代早已過去，獸醫不再穿著花呢套裝，在農舍裡跟你吃培根三明治配茶。現今的獸醫看起來就像犯罪現場的法醫。

九月二十日

我看著一隻瓢蟲攀爬高如摩天大樓的草。十四星瓢蟲（*Propylaea punctata*）：完美的黑黃相間棋盤，就像一九六〇年代的伊西戈尼斯[2]會設計出的作品。

灌木籬下方，白鶺鴒一家子跑過閃閃發光的青草。兩隻同樣黑白相間的喜鵲在草叢中闊步前進，更強化了這極簡主義藝術的時刻。灌木籬爆發紅與紫：玫瑰果、接骨木莓果、黑刺李漿果、黑莓、忍冬，還有瀉根與顛茄華麗卻不可食的果實。

一隻喜鵲停下腳步，疑惑地看著橡樹下那一團灰色羽毛。某個掠食者殺了兩隻尚未長出羽翼的林鴿。

我在圍欄裡餵牛兒吃乾草和飼料餅，趁他們心思放在食物上時，用手摸過他們結實粗壯的脖子，看看有沒有隆起因試劑反應而產生的腫塊。

有一隻腫了一個包。

九月二十三日

草場遭到濃霧扼死的早晨。潮溼溫暖的天氣讓草經歷了秋天的生長爆發期，而蕈菇類也是：草地上有古銅色的糞生花褶傘以及稀有的硫磺溼傘菇（*Hygrocybe chlorophana*）。牛糞中則長了半裸蓋菇。

接骨木上的常春藤開花了，雖然我覺得從視覺上來說，它樸素的黃綠色花球不太能歸類成一種花。然而，這些花是一年之中最後一批蜂、蛾、蝶重要的秋季蜜源。

有一些年幼的毛腳燕還在這裡。成燕昨天飛走了。一隻大斑啄木鳥在河岸地死掉的榆樹上發出「啾啾」的叫聲宣示地盤。

這些全發生在遙遠的某處，彷彿我正從望遠鏡錯誤的一端觀賞壓低音量的英國鄉村景致。牛群回到通道中等待。他們感到百無聊賴，牛群中的老大瑪格和她的女兒蜜拉貝爾用頭撞前方的牛，金屬柵欄受到擠壓後發出可怕的尖銳聲。這都是我不好，因為牛兒對我的焦慮很敏感。結核檢測讓我非常不安，幾乎快要窒息。

獸醫院打電話來，告知威爾・雅各布斯獸醫會晚點到。三點左右，雅各布斯疲憊地從車道開來。和平常一樣穿上防護衣。他的手摸過每隻牛的脖子。一切都很好，直到他摸到有腫塊的梅莉莎。他拿出測徑器。

我以前經歷過這一幕。一切都要看腫塊的大小而定。量了一次。量了兩次。量了三次。

「她剛好在界線內。」我差點高興地跳起來。「你可以再留住他們一年。」

我把牛放出去。我們一起跑來跑去。

九月二十五日

露水沾在數百萬隻皿蛛織成的蛛網上（中古時期的牧羊人認為他們會引起讓綿羊的消化出現問題的綿羊炭疽），一隻灰松鼠在蛛網間撿拾榛果。他的動作明顯很急迫。灰松鼠雖然不會冬眠，但他們也必須貯存糧食抵禦艱難時節。

一天結束時：在月亮漸盈的夜晚，我的影子像橫越草地的巨人。

又是一個放假日。我們在細雨中開車到六英里外的騰納史東別苑，它坐落在福奧卻爾屈這個地方，位於寬闊平坦的黃金谷地。這是帕里家族的核心地帶。布蘭琪的塑像放在巴柯頓教堂裡，在一個總被寒冷暗影籠罩的小丘上。這個塑像在歷史上有些微的重要性，因為它包含伊莉莎白一世成為榮光女王後最早的形象。我比較有興趣的是，布蘭琪長得和我外婆好像。

騰納史東的草地是羅蘭德・沃恩在多爾河畔建設烏托邦農業計畫的殘跡。他在一六一〇年出版了一本書，寫的是關於「他最受到認可、歷時最久的水道設施及冬夏兩季淹蓋草地的方法」。

沃恩向來被認為是向下漂浮式草澤地的發明者，雖然有些學者認為他只是發展了一套既有的系統（赫里福德郡的金博爾頓有一片草場名叫「漂浮」，出現的時間比沃恩的著作早了很多）。在某種程度上，這是十分虛偽的事情，沃恩協助普及化的系統，就是利用分流、開溝與設立水閘暫時使草地淹沒在水中。

沃恩是布蘭琪・帕里的姪孫（他曾經抱怨，他的心靈太弱小，無法忍受布蘭琪夫人「辛辣」的「幽默感」，還在她「執拗的權威」下被迫參加愛爾蘭戰爭）。帕里家族與沃恩家族聯姻了至少一百年，羅蘭德也沒有中斷這個傳統。他娶了一個帕里家的女孩，這女孩繼承了家族主要的地產——新苑，使他得以持有多爾河西岸從彼得卻爾屈到巴柯頓的所有土地。

據說，沃恩是在巡視磨坊工人（他們特別會使詐）時想到「淹水」這個點子的。他走著走著，注意到一隻鼴鼠在推動水車的水流堤岸挖了個洞，而在水流過鼴鼠丘的地方，草長得特別茂盛。

沃恩花了二十年的時間（大約是一五八四到一六〇四年）在黃金谷地建造一個灌溉系統，要利用這個系統使草被水淹沒，促進生長。他建造的主要人工水道就是三英里長的皇家水渠，可以將多爾河的水引到草場上，接著再利用水閘門引開。使用淹水法讓土地的年獲利從四十鎊增加到三百鎊。

雖然很多人都覺得沃恩瘋了，但是他的方法被證實是成功的，獲得很大的讚揚。詩人約翰・戴維斯寫了一篇「頌詞」[3]，稱許沃恩淹蓋草地的做法。詩中洋溢著鄉野意象：

皇家水渠（控制餘下的種種，
掌握了泉水之中牧草的精子）
灌入無法生育之土地的子宮，
帶來讓土地富饒的液態種子。

這兩個次等的元素透過性交
結合，水澆灌了土地（精蟲
在這種組合之下也最為活躍）
接著產生完全加倍的大收成。

土元素的裂隙有水元素滲入，
進到她空無一物的子宮裡——
（大自然在那兒以細繩交織出

框架），穀倉滿了地主歡喜。

好比女人若從未與男人來往，
她們的子宮便顯得荒涼貧瘠，
我們認定肥沃之地無法茁壯，
實因其腸胃沒有靠水來孕育。

告訴你，約翰・戴維斯可是沃恩的親戚喔。

六年後，羅蘭德在一六一〇年出版了他的書，敘述這套系統。他在書中表示，皇家水渠是可以航行的，用來將物品從土地的一頭運到另一頭。這本書也說到，他為兩千名工人建立了一個理想社區，這些工人全戴著時尚的紅帽子。

草澤地在赫里福德郡變得相當普遍。冬天時將水暫時引到草地上（理想的高度是一英寸），可以在生長季之前促進草的生長，讓牲畜可以早點「嘗鮮」。有時，後續的灌溉能讓農民收割第二次、甚至第三次的牧草。在夏季淹蓋草地，可補充土壤中缺乏的水分，刺激草的生長。

今天，騰納史東別苑是由鄉村復甦信託組織這個慈善機構所經營。灌溉系統雖然早已不復存在，但草澤地仍舊是野花的避風港，即使在第二次世界大戰期間，也沒有被當作耕地使用。當地人說，華特金斯[4]先生站在主要草澤地的柵門入口，告訴戰爭農業執行委員會，要耕作這塊土地，就得先把他殺了。

長久以來，我一直打趣地想，滲水到下草地的破土溝就像是窮人的灌溉系統，那四分之一英畝的草總是比較綠。就像不經意造就的草澤地。

編註

1 風精 (sylph) 的概念源自十六世紀醫生兼煉金術士 Paracelsus，是他為了描述四大元素而創造出的生物之一。除了風精之外，還有地精 (gnome)、火精 (salamander)、水精 (undine)。

2 伊西戈尼斯 (Sir Alec Issigonis, 1906–1988)，英國汽車設計師。他設計的 Mini 車款以車體小、省油等特性受到大眾歡迎，部分車頂塗有棋盤格紋或英國國旗等圖案。

3 約翰・戴維斯 (Sir John Davies, 1569–1626)，英國詩人、律師、政治家。

4 根據埃威亞斯拉奇的地方史，華特金斯 (Watkins) 先生為當時這片土地的持有者。

十月

金　翅　雀

Goldfinch

十月是我最仔細尋找大自然變化的月分。灌木籬中的山楂若長了許多紅色的山楂果，是否真如民間說法所言，表示會「下很多雪」？田鶇如果早到了，冬天就會特別嚴寒？雖然，大量的莓果只是表示這株植物之前非常健康，我卻偏要從中找到預測天氣的徵兆。我懷疑，這有一部分是來自和野生動物一樣原始的焦慮感，覺得自己必須為最壞的情況做打算。

這個月是從令人愉快的秋老虎開始的，早晨陽光一束束穿越薄霧，佩帶蚜蠅出現在晚開的毛茛上。椋鳥打村裡來，吹著派對口哨，在割過草的草地上找蟲子吃。

我喜愛騎著澤伯時的一切：海上甲板的律動感、馬鞍的咯吱聲、慢跑和快奔時令人呵呵笑的刺激感，以及他同我一樣享受的這點。我很喜歡騎在馬背上時，熟悉事物帶給我的新觀點。更令我喜愛的是我們合為一體的感覺；美洲的印第安人第一次看見騎在馬上的西班牙征服者時，以為那是同一個生物。

草地上的野生鳥兒和動物基本上也是這麼相信的。我們這隻雙頭生物在草地邊緣漫步，那一群在海綠色青草中掠食的禿鼻鴉幾乎沒理會我們。

母羊就不一樣了，她們僵直身子注視我，接著看了一下逃跑的路線。我們散步靠近她們時，她們蹲下來小便，好減輕負荷，接著就跑到遠遠的那端，大屁股搖來晃去。

公羊特克修士跟在她們後面。他不在乎人馬或馬人，心裡只有一個念頭：性愛。十月是鄉村地區綿羊愛愛的月分。

特克修士停下來，聞一聞母羊撒尿的地方。接著，他翻起上唇，露出牙齒和卡通羊般的笑容。裂唇嗅反應並不是雄性動物的性慾反應，而是關閉鼻孔、將空氣吸入口腔頂犁鼻器的一種手段。他正試著從化學物質中偵測出母羊是否在發情。他自己正在釋放大量睪固酮，空氣中充滿難聞的氣味。

一隻耳朵裂開的胖母羊顯然正在產生大量的雌激素。特克修士用舌頭噁心地舔她，接著用前腳扒她，頂她、咬她的脅腹。

他試了幾次騎乘的動作。

母羊沒有乖乖站著不動，但也沒有跑掉。接下來這一天，公羊都會待在她身邊，夜裡好好裹住她，就像一夜情最初的起源。

明天，他又會換一個新女孩。

不過特克修士並不是什麼都通吃的登徒子。他最喜歡和他一樣的雷蘭羊。最後才會輪到雪特蘭羊和赫布里底羊。

禿鼻鴉不常造訪草場，因為他們喜歡谷底的穀物田。秋天時大約有一兩次，他們會因為無聊或想起這裡有很多蟲子可吃而上來這兒。總共有二十三隻，（看起來就像）穿著黑色斗篷。冷冽的北風吹過他們，將他們固定在地面上。他們就這樣一邊頂著風，一邊用白骨般的嘴喙戳地面。如果他們背對著風，風會抬起他們的身體，將他們吹倒。

草地是家，也是遊客野餐的地點與移民路過的停駐點。

也是人類思考的地方。

景觀設計師韓弗瑞・李普頓[1]在《園藝造景的理論與實踐》一書中表示：「遊戲場的美與農場的收益是互不相容的……我不認同將最美的東西拿來獲利的想法。耕地和草地就像花園和馬鈴薯田一樣，是截然不同的東西。」李普頓和另一位景觀設計師蘭斯洛特・布朗[2]一樣，他們是將大地變作一幅畫，而不是在畫布上畫地景。赫里福德郡有很長一段時間是仕紳階級的堡壘，因此仕紳對於園林的概念也滲透到自耕農階級。埃威亞斯哈洛德有一間喬治亞式的農舍，前面築了一道凹陷式的界牆，這樣一來，綿延起伏的草地景觀就不會被圍籬擋住。

俄羅斯沙皇亞歷山大總認為，如果不當全俄羅斯的沙皇，最棒的事就是當英國的鄉紳。理由擺在眼前。因為這些人可以觀賞全世界最棒的景致。

十月四日

一隻喜鵲坐在雷蘭羊背上，啄他的脖子。雖然表面上看不出來，但這其實是一種共生關係，綿羊和鳥兒的互惠互利：喜鵲在幫綿羊抓出耳朵裡的壁蝨。喜鵲飽餐一頓，羊兒獲得清潔。

黃昏來得越來越早。在灰階的光線中，我看見一隻黑眼睛的長尾森鼠從搖搖晃晃的榛木樹枝上將一個玫瑰果往下拉，用利齒鋸斷果實的基部。玫瑰果從灌木籬滾到地上，老鼠在後面追。

十月七日

電線上站著最後一群燕子，就像五線譜上的四分音符，吱吱喳喳叫著。年輕的燕子聚在一起，等待自己鼓起勇氣，展開前往南方的偉大旅程。以前的人相信，燕子會在池塘或地底洞穴中冬眠，睡在一顆顆的氣泡裡。十六世紀初期，烏普薩拉的主教奧勞斯・馬格努斯[3]在《北方人的歷史》一書中宣稱：

> 在北方的水域，漁夫時常碰巧撈到大量的燕子，掛在一起聚集成團……秋初，牠們會在蘆葦叢中集合，沉入水中，喙接喙、翼接翼、足接足。

他在這段敘述之外附了一張木刻版畫，顯示漁夫從水中拉出這些鳥。吉爾伯特・懷特雖然主張燕子會遷徙，而不會冬眠（他的弟弟在直布羅陀擔任神職人員，曾看過燕子在他頭上飛向南方），但他也曾因為燕子很晚才生蛋，導致有些雛鳥到了九月中都還沒長出足夠的羽毛，因而無法飛翔的狀況感到疑惑：「這些晚生的雛鳥不就會選擇藏匿、而非遷徙？」懷特對冬眠說抱持開放的態度，在茅草屋的屋頂上四處尋找冬眠過冬的鳥兒。嘲笑懷特是自大的行為，因為直到今日，仍未有人確切知道燕科家族都到哪裡過冬。

由於燕子結結巴巴的聲音和顫顫巍巍的飛行姿態，中古時期的醫界於是相信吃這種鳥可以治癒癲癇和口吃。燕子湯便成為當時廣受歡迎的補藥。燕子向來是一種具有正面特質的鳥。中古時期的詩歌不就說過：

知更鳥和鷦鷯
是全能上帝的禽鳥。
而那燕子玄鳥
是全能上帝的聖鳥。

燕子走了；一隻嘰咋柳鶯經過，停留一天「佛咿佛咿」地叫，接著也走了，他是最後一隻夏季候鳥。冬季候鳥尚未抵達。我們正在過渡期，草地上只有本土的鳥類。

這個星期經歷了秋老虎的高溫，更凸顯出秋天世界滿足五感的特質。那陌生的味道和那轉瞬即逝的氣味。野生酸蘋果躺在地上，發出腐敗的醋味。

十月十日

忽然間，天氣嚴厲了起來，強風在夜裡重擊樹枝，矮林裡那隻灰松鼠瘋狂地在榛木叢中尋找果實，我可以感覺到他的急迫。我早上套了兩件毛衣，雖然樹木看起來像是著火了：矮林裡那棵修剪過的榛木從下往上發出烈焰般的金黃色。

十月十二日

遠方的野火傳來木頭燃燒的煙味。烏鶇發出輕柔的「丙可丙可」聲，看見我後，切換成警示聲模式。沒有什麼比烏鶇驅趕人的方式還要流暢優雅。現在，草地和草地周圍共住了五隻烏鶇，其中三隻是從別的地方來過冬的。

此外，下午五點時，牛背上就已經結霜，他們躺著反芻食物，呼出白色的霧氣。有件事情很奇怪（也令人擔心），那就是德高望重的瑪格背上的霜比其他牛的還厚；二十歲的她，是我們的無角紅牛之中年紀最大的。

在氳氳河流的沿岸，樹林和樹叢裡的灰林鴞正大聲宣告他們的秋季領土。灰林鴞從不發出「吐伊－特烏」的聲音，「吐伊」（其實比較像是「科威」）是聯絡訊號，而「特烏」（「呼呼鳥」比較準確）則是雄鶲宣示地盤的聲音。如果你聽到「科威呼」、「呼烏」，那是雙重奏，不是一隻鳥在叫。

白晝將盡時，至少有四隻鶲在叫。九月到十一月是年輕的灰林鶲分散各地的時間，今晚他們正努力劃分掠食和繁殖的界線範圍。到了真正的冬天，他們不成功，便成仁。

盎格魯－撒克遜人稱金翅雀為thisteltuige，意思是「食薊鳥」。他們的嘴喙比其他雀科鳥類更尖一點，是渾然天成的精準工具，可以啄出薊和起絨草的種子。薊的拉丁文是*carduus*，而這種鳥的學名則是*Carduelis carduelis*。

十九世紀後半葉，將金翅雀關在籠中豢養的風氣達到高峰。一八六〇年，光是在沃辛這個地方，就有十三萬兩千隻金翅雀被抓起來。鄉間越來越少的金翅雀是鳥類保護協會早期關注的議題之一。濟慈在生命的最後一段日子久病臥床，覺得自己也像是被關在籠裡。他一生中的樂事之一就是觀賞自由自在的金翅雀。他在〈我在小丘上踮起腳尖〉寫道：

> 金翅雀自低垂的枝椏
> 靠得很近一隻隻飛下。

啜飲啁啾，羽翼有光，
忽地齊飛，如陷瘋狂，
或為炫耀黑金的翅膀，
停下振翅的一抹金黃。

秋天，早已獲得自由的金翅雀加入友善的群體。草地上的薊至少有三十隻金翅雀在上頭，那是我為他們種的（或說，為他們留的）。一群金翅雀在英文裡的集合名詞是 charm，源自古英語 c'irm，用來描述他們啁啾的歌聲。

秋獅齒菊幾乎就和金翅雀的翅膀條紋一樣黃，已在海岬盛開了。

十月十五日

天氣雖冷，但很乾燥。地面的狀況不合時節地好，因此我將馬兒放回草地吃草，換換口味。夜裡，我去察看他們。我看見一顆流星，銀河劃過天頂。高空的星星無窮無盡，這麼嘆為觀止的表演鐵定是給我看的吧。

今夜，星星為我露臉。

馬兒吃草時大力磨動牙齒，小便解得特別久。羊兒的眼睛在頭燈照耀下發出寶石般的綠光。

回到屋裡，我找出一首令我難以忘懷的詩，那是由在赫里福德出生的形上學詩人湯瑪斯・特拉納[4](1636–1674)所寫的：

天空正值輝煌燦爛，
空氣活潑美好，
啊多麼神聖、柔軟、甜蜜又美妙！
星星娛樂我的感官，
上帝的每件作品皆如此明亮潔皙，
看來如此豐盈偉哉，
彷彿全是我的關係

因而恆久存在。

特拉納相信，人類會從純真的狀態墮落，是因為他們遠離自然，轉向充滿人工與發明的世界。他在《千百年的冥思》(*Centuries of Meditations*) 中建議：「直到大海在你的血管內奔騰，直到你穿上天空、戴上星辰，直到你因熱愛享受這一切的美好，而熱切想要說服他人跟著一同享受，那麼你才算是好好享受了這個世界。」

十月十八日

真正殘酷的秋天來了。灌木籬的山楂果鮮紅如我手指的血滴（我被懸鉤子刺到了）。我在跨越沼澤地的那排灌木籬的東側摘了兩磅黑莓，一路上有絲光銅綠蠅的引導。蒼蠅總能告訴你最熟的果實在哪裡。一些變質中的黑莓正在產生酒精，因此可以看見幾隻醉醺醺的蕁麻蛺蝶。

瀉根像一條橘綠相間的鏈子，穿梭在灌木籬中。黑刺李的果實飽滿，玫瑰果雜亂無章地懸掛著，十分誘人。過冬的鳥兒有灌木籬果實大餐可以吃了。但是，他們在哪裡呢？一些眼熟但被忽視的老友倒是在我身旁。白鶺鴒邊飛邊發出尖銳的「奇司－伊克」聲，因此這種鳥又有個打趣的別名「飛過奇司威克[5]（倫敦的一個地區）」，因為他會一邊跳、一邊叫。

白鶺鴒和黃鶺鴒一樣，會在草地和草場掠食，主要只吃昆蟲。這些昆蟲通常是蒼蠅和毛毛蟲。在這樣一個陽光普照的日子，牲畜的排泄物引來了菜色豐富的蟲蟲大餐。這種鳥的別名還包括洗碗的莫莉、洗衣的奶奶和洗衣女，因為他們會沿著池塘和小溪邊覓食。當然，也是因為他們尾巴不斷上下擺動，就像洗衣女洗衣服的動作。一個人的眼光若更敏銳、更和善，就會連同他們俏麗的女性特質一起形容，把他們稱作洗碗的「小姐」。他們走起路來一抽一動，很難不讓人發笑。約翰・克萊爾這麼寫：

> 小跑步的小鶺鴒，走進了雨裡，
> 這邊一晃、那邊一搖，再也無法
> 挺直身體。

這些顏色較深的白鶺鴒是英國特有的鳥。北歐、俄羅斯和阿拉斯加的白鶺鴒是他們的近親，背部顏色明顯較淺。

十月二十一日

海風吹來，讓我難以站直行進，呼吸也不斷被帶走。風吹落了柳樹的葉子，它們就這樣死氣沉沉地躺在草地遠遠那頭的淺水灘。橡實正在轟炸地面。這些果實對牛和馬而言是有毒的。風雨中，我將白眼睛的馬兒帶到無風無雨的馬廄裡。

十月二十三日

一群獵食的林鴿夜裡沿著溪流在樹上棲息，一邊安頓自己，一邊吱吱喳喳。他們會吃橡實，包括草場一角雙胞胎橡樹的果實。雖然這群林鴿至少有三十隻以上，但躺在草地上的一大堆亮綠色橡實卻幾乎沒怎麼減少。我耙了兩車拿去餵豬。

風中的寒鴉被吹散、吹走了。

我才離開草場，就看見松鴉飛來，用嘴喙咬了兩顆橡實，接著飛到草叢中，行跡都因那燈泡般的屁股而曝光。松鴉正在埋橡實，一天可以埋幾百顆，為嚴峻的氣候做準備。記錄顯示，有些松鴉一個月就埋了三千顆橡實和榛果。英國恐怕有半數以上的橡樹都是松鴉不經意種下的。這種鳥在全國各地都會種樹。他的叫聲就像粉筆刮黑板的聲音。

十月二十六日

我在橡樹下避雨時，椋鳥像樹葉般落在溼透的大地，因為蟲子又被迫撤離地下的窩了。

十月二十九日

第一場嚴重的秋霜將草場變成一片不透光的白色荒原。牛蹄先前留下的痕跡形成完美的冰磚。我用麻木的手指摘下裹上一層白霧的黑刺李，要做黑刺李琴酒。

編註

1 韓弗瑞・李普頓 (Humphry Repton, 1752–1818)，英式庭園設計師，被譽為是蘭斯洛特・布朗的繼承人，但兩人的作品仍有差異：李普頓在設計中加入更多樹木，並使用平臺、階梯等建物來連接土地與主要建築。

2 蘭斯洛特・布朗 (Lancelot Brown, 1716–1783)，英國景觀設計大師，以呈現自然之美為作品理念，一生共設計超過一百七十座庭園，多數至今仍保持良好。他有個暱稱叫做潛力布朗 (Capability Brown)，因為他習慣對客戶說他們的土地「有潛力」。

3 奧勞斯・馬格努斯 (Olaus Magnus, 1490–1557)，瑞典作家、神職人員。《北方人的歷史》(*Historia de Gentibus Septentrionalibus*) 一書以人文關懷角度描述斯堪地那維亞各民族的歷史，是他最重要的作品。

4 湯瑪斯・特納拉 (Thomas Traherne)，英國牧師、詩人。他的作品探索人與神之間的關係，表達對宇宙萬物的讚美；這種歌頌自然的態度與後來的浪漫主義不謀而合。

5 奇司威克 (Chiswick)，位於倫敦西區，緊鄰泰晤士河。

十一月

雉　　雞

Pheasant

河流的水位極低，我可以輕易涉過細長的河面。一隻鷦飛下接骨木，在黑木耳後方啄食昆蟲。在果林灌木籬後面，野生酸蘋果掉進了土溝，引來不少蛞蝓。

中古時期的人們相信，刺蝟會在果實上打滾，把食物刺在身上帶回家給小刺蝟吃。住在海岬那堆倒木底下的小刺蝟不再需要食物。他們死了。彷如父母迷你縮小版的他們，死後失去色彩，看起來很怪異。只有一隻被吃掉，從長滿刺的背部挖空，其他三隻則似乎沒被動過。這些可能是冷死的，吃掉那隻小刺蝟的凶手則是狐狸或獾。

十一月是我最喜歡的月分之一，褪色的午後就像陰森的墓園，潮溼發霉的枯葉味道令人想到教堂。可憐的瘋狂詩人約翰・克萊爾很喜歡十一月，他這麼描繪：

月分的女先知、千風的崇拜者！
我愛妳，無禮狂暴的妳；
愛在妳騷動的瘋狂之中遊蕩時，

尋覓到的片片喜悅。

不過，有些人和湯瑪斯．胡德[1]一樣，覺得：

不溫暖、不愉快、不健康，

全然沒有舒坦的感覺——

無蝶、無蜂、無蔭、無光，

無鳥、無果、無花、無葉——

十一月！

嚴厲的東風將我們和夏天分開，再也無法回頭。

飢餓造就獵人。我從屋裡看見兩隻雄雉雞在草場上漫步，具有明朝皇帝的威嚴風範。即使距離數百碼，微弱低垂的冬陽仍將他們擦得如銅器一般光亮。他們已經換過羽毛，正值羽翼豐滿的全盛時期。偶爾，他們會屈身啄食花草的種子。

我把獵槍從保管箱拿出來。走到草場時，他們已經消失了。我瞥見他們在矮林中迅速移動的影子，但是在我瞄準發射前，他們就溜走了。矮林是他們的天然棲息地，因為雉雞不過是裝扮華麗的叢林禽鳥罷了。羅馬人帶來第一批雉雞，他們那時可能不具有野性，有著白色頸圈的環頸雉 (*Phasianus colchicus torquatus*) 是十一世紀才引進的。經過九百年的時間、每年都有三千萬隻被放出來供人射獵，雉雞看起來還是華麗得與周遭格格不入。

我直覺要在草場上等候，便在矮林一棵長出鐵絲網外的赤楊垂枝下駐立等待，槍管卡在脖子和肩膀之間，比當父親的手來得更穩定可靠。我的左耳用力貼住赤楊的樹幹，當赤楊擺動時，我可以聽見樹幹內部的每一個張力。

憂愁的白日一分一秒過去。鷦鷯就像長了雞尾的吉他移調夾，對我無所事事在這兒閒等的行為訓斥了一番。美國詩人羅伯特・羅威爾[2]在〈悼聯邦軍亡者〉中為了描述正義凜然、在率領黑人軍團時喪生的羅伯特・古爾德・蕭[3]上校，決定使用「憤怒如鷦鷯的警覺」這個意象。我完全明白羅威爾的意思。那隻鷦鷯一邊準備上床睡覺，還一邊對著觀望下草地的我斷斷續續臭罵。一隻灰林鴞邊發出「科威」聲，邊沿著林木叢生的河岸往上飛；知更鳥在果林灌木籬上唱了幾小節的哀愁鳥囀；羊兒順著草場邊緣走到最高點，以便能清楚看見接近的掠食者；古老的艾斯克里河心滿意足地汩汩流動。榛木的葉子在發光，寒意刺痛我的臉頰。

然後我就聽到雉雞的聲音了。一聲簡短、驕傲的「咔咔咔」。他們已經離開矮林，溜到隔壁的果林了。

光線已化為灰燼，白晝只剩數秒鐘的時間。我將保險栓拉上。

一隻雉雞從果林草場飛上天，飛啊飛，尾巴像彗星一樣劃過天際。我往前一踏，開了一槍，這一槍不是為了消遣娛樂，而是為了殺死獵物。就在雉雞張開翅膀降低速度，準備降落在樹上時，我對著他黑色的輪廓開槍。

那隻鳥咚的一聲掉到草場上，死了。就像從未活過那樣。

槍聲還迴盪在綠色山谷之間，烏鶇仍劈哩啪啦發出警示聲，我用一條麻繩繞住雉雞的脖子，把他帶回家。剛剛暫時受到干擾的羊群又把頭彎到草地上，繼續吃草。

我周遭瀰漫濃烈的砲灰味，就連秋葉腐敗的味道也被掩蓋。一輪滿月掙扎著突破黑暗。

我怎麼知道那隻雉雞要在那裡棲息，就在那根光禿禿的赤楊樹枝上？我要是雉雞，選的就是那裡，狐狸爬不到，但樹葉又不會茂密到讓我無法監看四周。

在野生動物的棲地上務農，就可以吃野生動物，理論上來說這很公平，甚至是恰當的。

然而，這個理由無法讓我免去有感情的殺手所遭受的痛苦。布萊克[4]的〈純真的預言〉開始播放，一字一句毫不留情：

一沙一世界，
一花一天國。
掌心捧無限，
須臾化恆久。

鳥籠困知更，
全天堂憤恨。
鴿舍關鴿鳩，
全地獄顫抖。
餓死門前狗，
國家將衰落。
錯待座下馬，

天定把血灑。
野兔嚎一聲，
腦筋斷一根。
雲雀羽翼傷，
天使不歌唱。
拿雞來鬥戲，
昇日嚇壞你。

詩歌就這樣一直下去，直到：

勿索蛾蝶命，
審判已接近。

十一月六日

一隻松鼠穿越草地，朝我走來。庭院的狗兒對郵差吠叫，驚動了松鼠。接著，他看見我，一溜煙跑不見了。一群鴨子（他們狀似飛鏢，發出尖銳的叫聲）從河流那裡飛來。我正在檢查岸邊那道麻煩的柵欄，以防公羊逃跑。獾曾經擠過柵欄下方吃橡實。

牛群重回草場，吃著最後「一口」在連續的悶熱天氣下長出的青草。接著，下起雨來，地面很快就變得太溼軟，無法支撐他們的重量。用農業的術語來說，就是他們會「水煮」地面，把地上變成一片泥濘海。在令眼睛睜不開的傾盆大雨中，我將他們趕回冬天的住所。

但，秋陽餘暉再度點亮十一月天。灌木籬和草叢上的蛛網困住點滴日光，照亮白晝。傾盆大雨將白蠟樹打得光禿禿的，但赤楊和橡樹仍堅守自己的綠意。

我喜歡樹皮上的盲人點字，喜歡那種閉上眼睛憑著觸覺就能辨識一棵樹的感覺。橡樹的樹幹有方形的馬賽克拼磚；老白蠟樹的皮膚是網格狀；溪邊那棵衰老的接骨木有著縱長的凸瘤；垂枝樺則像絲襪般光滑。此外，河岸地邊界灌木籬的最後一棵榛木，已經從灌木長成大樹，而這排灌木籬也不再是灌木籬，而是一個個弓著腰、孜孜不倦的哨兵。這棵榛木從古至今就被牛拿來磨身體，磨得光滑透亮。他們推擠通過柵門時也對那兩根橡樹門柱做了同樣的事，因此白刷刷的木柱看起來、摸起來都光滑無比。

瑪格再也不會進行拋光木頭的行為了。那頭大牛已經死了。我想，既然這是死亡宣告，我應該完整說出她的全名：「沃林沃斯・瑪格，沃茲曼哈利王與沃茲曼安珀之女」。她是一頭出身名門世家的無角紅牛。她罹患關節炎兩年，時不時會摔倒，每次都得靠許多人或吉普車將她拉起來，她總是開開心心又笨重緩慢地跟在其他牛隻後頭。

這天早上，死而復生的奇蹟沒有出現。她掉進了圍場的土溝，靠曳引機——引擎蓋排氣管冒出陣陣濃煙——以及每個環扣跟拳頭一樣大的工業用鏈條才把她拉出吸力強大的泥濘。然而，把她拉起來、拖到草場後，就連我充滿感情的言語也無法使她站起來。她側躺著，如大理石般慘白、布滿血絲的眼睛往上看。她的樣子非常狼狽，漂亮的毛皮上似乎蓋了一條汙穢的泥巴披巾。她的前腳不斷掙扎，在草地上切出小小的彎月，因此她的身旁沒有草，只有更多的泥巴。

她的女兒蜜拉貝爾慢慢走過來，用鼻子碰碰母親。她可以聞到死亡的味道。

我正要走去屋子裡，打電話給獸醫，請他來進行安樂死，但旋即停下腳步。瑪格討厭獸醫，因為他們總是帶著除臭藥膏和疾病臭味的東西，就像是在刻意針對她。她是個自然壽終正寢的老太太，所以我就讓她這樣離開世界。整個蒼白的早晨，她女兒都站在她身旁，但再也沒看過她一眼。其他牛一一過來好奇致意，擤了擤鼻子。我直到最後一刻都沒有走，直到屎尿和生命離開她的軀殼。她死的時候，午後的天空塗上濃厚的紫色油彩。我用甜菜塑膠袋蓋住她的臉，這樣烏鴉才不會啄出她的眼睛。

瑪格。我親愛的壞脾氣老牛，真正的草地之獸。

根據近年的基因遺傳研究，世上所有的牛都是從一萬零五百年前的八十頭伊朗原牛馴化來的。這是農業出現後不久發生的事。英國的豢養牛群史就比較近代，第一批家牛是在六千年前左右來到這裡的。他們立刻為阿爾比昂大地[5]帶來深遠的影響，糞金龜的數量也呈指數成長。

當時，羊是主要的食草家畜，特別是在肥沃的低谷地之外的地方，可以提供羊毛、羊肉和羊奶。然而，牛有一個很大的優點是羊沒有的：他們可以作為運輸工具。新石器遺址挖到的牛骨顯示，這些牛的骨頭因為拖曳和耕犁而受到損傷。營養不良和人工育種使得家牛比野牛矮小（在蘇格蘭，有些牛的肩高只有一公尺），因此比較好應付。

撒克遜王威塞克斯的伊尼[6]所頒布的法律（688–695）顯示，當時豢養牛群的方式已經發展到和現今差不多的階段，也就是把牛放在草場上。

40.下層自由民在冬夏兩季須為自己的土地圍起柵欄。倘若沒有，而鄰居的牛從他留下的開口跑過來，他不得擁有之，必須將牛趕出，並承受損失……

42.倘若自由農有義務圍起公有草地或其他分成條狀的土地，且有些人已經建好他們那部分的柵欄、有些人尚未建好，而公有的土地或草地被（亂走的動物）吃了，那麼須對那些開口負起責任的人，就得為建好自己那部分柵欄的人，賠償任何可能因此遭受的損失。

飼育肉牛是後來的事，但完全是英國人的發明，且赫里福德郡的草地扮演了先驅的角色。十八世紀之前，英國南部的牛全身都是紅色的、尾尖則有一撮白色，和現代的無角紅牛類似。十八世紀，有些牛（主要是短角牛）被用來培育出一種新的肉牛品種——赫里福德牛，特色就是那張白臉。自一八一七年起，這種牛被賣到全世界，從美洲到澳洲都有。沒有任何東西能像牛肉一樣代表英國——聖喬治、橄欖球、小黃瓜三明治或板球都不能。牛肉數世紀以來都是英國的國族象徵，法國人還叫我們「烤牛肉」。〈老英格蘭的烤牛肉〉這首歌在一七三一年寫成，曾被當成國歌一樣，觀眾上戲院都要唱。

偉大的烤牛肉成為英國人的佳餚，
使我們的腦袋高尚血液足，
使我們的士兵勇敢朝臣好。
老英格蘭的烤牛肉啊！
英格蘭風味的烤牛肉！

影響牛肉滋味最重要的因素就是牛的飲食。英國牛不像美國牛，基本上吃的都還是他們在自然棲地會吃的東西——青草和青草做成的飼料，如青貯料和乾牧草。青草餵養的牛肉在對照測試中總是比較美味，而且也絕對比較健康，含有較多維他命、較少不健康的脂肪和有益的 Omega-3 脂肪酸。

然而，現在的牛肉不像以前的那麼美味了。怎麼會這樣？那是因為，動物是由他們吃的東西組成的，而昔日多樣豐富的草類賦予的風味較多。

最後一隻原牛在一六二七年死於波蘭（人類將其他物種獵殺殆盡也不是什麼新鮮事）。原牛的大小和現今體型較大的家牛差不多，如比利時藍牛。結果，經過了一萬年，我們只成功培育出和野牛一樣大的家牛。

我哀傷地在草地上走著，到處都是瑪格存在過的證明（我會留心牲畜的糞便，就像古羅馬的占卜師觀察貓頭鷹的內臟一樣。動物的排泄物透露很多關於他們身體狀況的事。一顆顆墨黑色的便便代表羊很健康；綠色拉稀就不好了，可能表示肚子裡的蟲蟲太多）。有便便的地方，就有很多無脊椎生物。牛糞含有多達兩百五十種昆蟲。英國紅色數據書[7]記錄了五十六種和糞便有關的甲蟲，其中有十六種住在牛糞裡，十五種住在馬糞裡，十三種住在羊糞裡。一隻牛的排泄物每年可以為零點一噸的昆蟲提供糧食。

動物排遺是很受歡迎的食物來源，還沒排到地面上，昆蟲就會把卵下在裡面了。動物吃草只能吸收草中百分之十的能量，因此粉碎過後的排遺營養豐富。這些無脊椎動物可以協助分解、回收排遺，並為其他掠食動物提供大量糧食。便便滋養了大地，還餵飽了各種生物。

奇怪的是，最美的昆蟲竟會住在便便裡。這天下午天氣夠熱，顏色有如褐色葡萄乾的糞蠅四處飛。我用棍子戳弄一些牛糞，裡面有隱翅蟲和條紋糞金龜（*Geotrupes stercorarius*）；條紋糞金龜的頂部是黑色的，底部則有迷人的紫色光澤。

細菌不停勞動，沒人看見、無人讚揚。每公克糞便就有十億個細菌存在，是大地看不見的農夫，將排遺分解成腐植質，成為土壤。

十一月十一日

聖瑪爾定節。宰殺、醃製牲口的日子。也是國殤紀念日[8]，法國人會在這天用燈籠照亮黑暗。聖瑪爾定節是慶祝的日子，有盛宴和就業博覽會，農場勞動者會在博覽會上尋找新工作：

如果要找新工作，男人男孩就會站在鎮上的街道，嘴裡通常咬著一根稻草，但若被雇用了，就會加入在博覽會攤位和表演中歡聚的人群。女人女孩通常會有一個自己的大廳，是該地區的夫人們提供的，廳裡也有供應合宜的茶點。晚上會跳舞，通常也會有其他娛樂表演。今年，在大部分的地方，要找到有價值的僕人很困難，因為主人很怕失去自己能幹的男僕或女僕，都繼續聘用他們。在這樣的情況下，二等的僕人得到的薪酬比他們預期的還要高。以幾個主要的博覽會來看，平均而言，半年十九英鎊的僕人獲得了比前一年多一鎊的薪資。十五英鎊的有經驗擠乳女工也得到加薪。

《曼徹斯特衛報》，一九一三年十一月二十二日

聖瑪爾定節的傳統食物是牛肉。在赫里福德郡充滿草地的區域，放在煙囪裡乾燥的瑪爾

定牛肉是冬季的主食。人們說：

> 鄉下人缺少珍饈佳餚與美食
> 瑪爾定牛肉就是很好的粗食

自一九一八年開始，十一月十一日就被當作停戰紀念日，過去聖瑪爾定節的所有習俗慶典都消失了。

在國殤紀念日這天，瑪格被帶走了。她僵硬的身體被屠宰工吊到寬敞的卡車後方，躺在腫脹的綿羊、雙腿僵直的牛群和一隻黃色的豬之間，就像西班牙畫家哥雅會為站不起來而必須遭到宰殺的動物所描繪的景象。

我想要把她葬在她歸屬的草場上，讓她的血肉滋養土壤的血肉。但是，礙於政府規定，她必須在屠宰場焚化。

我多麼想哭。

十一月十八日

田鶇和白眉歌鶇已經飛過草場好幾個星期了，但現在則是像維京人一樣成群結隊而來。他們是冬天的跫音。

我晚間聽見他們來了，發出「恰克恰克」的聲音。果然，早上他們就在果園偷吃被風吹落的果實，總共有五十隻以上。草場上，又有另外一群北歐來的各種鶇鳥，全部混在一起，把柵門旁的山楂果吃光光。

田鶇的名稱源自盎格魯–撒克遜語的 **felde-fare**，意思是「飛過田地的旅人」。對喬叟而言，這些鳥 (*Turdus pilaris*) 是「凍霜的田鶇」，嚴厲的天氣確實會將他們從斯堪地那維亞的家鄉趕到南方。百萬隻白眉歌鶇和田鶇從北方飛來。大部分似乎是跟我們一起抵達的。美國演員黛碧・海倫[9]要不高興了。

十一月二十日

紙上的記事：「赤楊已經落葉，但葇荑花序還在。橡樹葉（看似）燒焦了；沼澤地那棵較年輕的橡樹就像風中的喪葬揚帆。」

十一月二十一日

我在草叢旁蔓生的狗薔薇上摘玫瑰果，碰見奇特的「羅賓針插」，也就是 *Diplolepis rosae* 這種小小的癭蜂造成的異常生長。雌蜂把卵下在薔薇的花苞裡，使花朵的正常生長過程重新經過編碼，變成一球長得像苔蘚的東西，裡面是一個蜂巢般的多室結構，每間都有一隻幼蟲。同樣住在裡面的，還有形形色色的投機主義者，包括其他種類的癭蜂和寄生蜂。甚至還有一種小蜂，會寄生在寄生其他寄生蜂的寄生蜂體內。也就是說，四種寄生蜂形成一個食物鏈。

這個針插已過全盛時期，十一月尚未裂開的針插裡仍住著小小的癭蜂幼蟲。

橡樹上有一些長尾山雀在忙碌著。他們至少有二十隻，而且很可能有血緣關係。他們不停叫喚彼此：「次、次」。他們互相合作的習性恐怕會嚇到達爾文。

十一月二十四日

路上死了一隻獾，我很確定是那隻老公獾。車輪下的受害者。獾長得並不可愛：豬鼻子和臉上的條紋近距離看起來更怪異。

我繼續開，讓獾待在馬路邊緣。沒有什麼像死亡一樣寂寞。

隔天早上，我拿了一個塑膠飼料袋（當然又是甜菜的袋子）回去裝那隻獾，要把他葬在草場上。

屍體已經被移走了，應該是地方議會移的，因為他們有專人會做這件事。但在一陣感性中，我想像那隻獾的屍體是被他的家人帶去埋的。博物學家布萊恩・維賽－費茲傑羅曾看過獾的葬禮。那是在一九四一年，第二次世界大戰期間，獾家族挖了一個墳墓，把死者拖過去，丟進墓穴裡，再用土埋好。塵歸塵。那隻母獾在沒有月光的夜哭了一整晚。

十一月二十七日

這天晚上，我看到以前從未看過的東西，我甚至不知道有這種東西存在。那時，夜深了，我到草場上走走，因為我很喜歡黑暗中獨處的感受。當我望向西方，注目凝視威爾斯中部連綿的夜時，一道白光突然出現在夜空，跨越我眼前的大地，形成一座拱橋。我很害怕，覺得自己是不是被挑出來接受某種天啟，像保羅一樣被賦予了某種異象。過了好幾秒，我才明白我看到什麼。

我看到夜晚的彩虹。月虹。

十一月二十八日

記事：「早晨的草場：早上六點四十五分，寒鴉大隊盤旋飛行。更多寒鴉加入行列，十分吵雜。然後集體飛走，只有一些個人主義者依舊我行我素。」兩個小時後，出現珍珠母般的陽光。

各種鳥兒不斷發出問候或警示的叫聲，在草場上唯獨知更鳥會「唱歌」。即使在冬季，知更鳥仍捍衛自己的小領土。知更鳥雖然是聖誕賀卡的熟面孔，但他們其實是一種凶狠的小鵪鳥。一隻死掉的知更鳥躺在草叢旁，頭部被啄得稀巴爛，一顆眼睛被施加酷刑的尖喙刺爆。

這是個垂死的世界。附近的一座農場正開始多角化經營，將變成度假住宿地點。他們要在美麗的草場上搭起印第安式帳篷，就好比一條狗在柏柏人的白色織毯上拉屎。

風耙過山谷，鑽進大地的每一處褶皺、每一件未扣好的大衣。公狐狸正興奮地挖地。他的毛皮長得十分茂密，呈現炭火的灼燒紅色調，但強勁的風吹亂了他的毛髮，就連通了電的卡通狐狸毛皮看起來都比他平順。我從他的身後靠近，他沒聽見我，也沒有看到。柔軟的土地吸收了腳步產生的振動。孩子氣的我忍不住想嚇嚇他，於是在幾乎碰得到他白色尾尖的距離時，我大聲咳了一聲。

狐狸還真會跑哩。

十一月三十日

午後溫暖的橘紅色光芒。我的腳踏在夜晚結霜的草上，發出嘆息。我裹緊大衣，把自己裹進地面，把自己包進大地。夜晚降臨時，我聽見田鼠、尖鼠和老鼠在灌木籬裡毫無鬥志的狩獵聲。尖鼠不會冬眠，因為他們太小了，無法儲存足以幫助他們過冬的脂肪。這冷得刺骨的星空只能用鑲滿水鑽來形容。

編註

1 湯瑪斯・胡德 (Thomas Hood, 1799–1845)，英國詩人、新聞工作者、幽默大師，其作品展現出二十世紀後半期的黑色幽默風格。

2 羅伯特・羅威爾 (Robert Lowell, 1917–1977)，美國詩人，對自白詩派有重要的影響。他曾參與美國六〇年代的民權與反戰運動，並透過詩作表達對美國政治、歷史、社會的反省與觀察。

3 羅伯特・古爾德・蕭 (Robert Gould Shaw, 1837–1863)，成長於支持廢奴的家庭，在美國南北戰爭期間帶領第一支黑人軍團作戰，其英勇精神鼓舞了後來的無數士兵。

4 布萊克 (William Blake, 1757–1827)，英國詩人、畫家，被公認是浪漫主義時期最重要的詩人之一。

5 阿爾比昂大地 (Albion) 是大不列顛島的古稱，很可能是源自拉丁文 *albus* (白色)，因為島的南岸有許多白色懸崖；其中又以多弗白崖最為著名。

6 威塞克斯的伊尼 (Ine of Wessex) 於在位期間 (688–726) 頒布了伊尼法，是第一部由盎格魯—撒克遜人頒布的法律。

7 紅色數據書 (British Red Data Book) 是由世界自然及資源保育聯盟 (IUCN) 協助建立的瀕臨絕種動物名單。

8 第一次世界大戰結束於一九一八年十一月十一日，因此許多國家選在這天舉行紀念儀式，追悼在戰爭中殞落的將士與平民。

9 黛碧・海倫 (Tippi Hedren) 在希區考克的驚悚電影《鳥》中飾演女主角，為了追愛而前往陌生的海邊小鎮，卻因不明原因遭到群鳥攻擊，身受重傷。

十二月

狐　狸

Fox

草場已死。一張快照。無聲的相片。熱鬧夏日的反面。草已停止生長。

在這了無生氣的迷霧之中，還是張黑白相片。果林土溝底部的紅色捕蟲瞿麥在這個錯誤的季節頑強抵抗，現在終於還是放棄了。只有草叢和灌木籬找得到色彩，是冬青、山楂與玫瑰果的紅。中古時期是用冬青做成聖誕樹，因為它鮮紅色的莓果神似基督的血。十二月還有其他紅色，如知更鳥、獵人穿的夾克、狐狸。

迷霧飄走了，接下來一個星期是令人振奮的白霜與藍天，還有對著獵人的彎月嗥叫的狐狸。太陽尚未落下山，金星就出現在天空上。接著，夜晚下起雪來。

早上，雪白的草場傳來鵟鷹的叫聲，草叢有洩密的尿痕。我從河岸地灌木籬的縫隙看見了那隻狐狸輕輕走過雪地，耳朵警覺著。他停下來，轉頭以便聆聽。往前走幾步，聽一聽。接著用後腳站起來，像跳水一樣撲向前。

狂亂地挖雪。

抓到了一隻黑田鼠，整隻吞下去。

在我十歲的時候，我爸用黃色的路華兩千後座載了一隻紅狐狸回家。仔細一看，原來是赫里福德西街上的槍匠放在櫥窗裡的狐狸標本。這隻狐狸不只是標本，還是一座愛德華時代野外運動[1]紀念碑的主角。在整個紀念碑描繪的景象中，咆哮的狐狸看著兩隻從洞穴冒出來的兔子（這個「紀念碑」是用早期某種上了漆的塑料建成的）。槍匠要把店收了，我爸貼心地認為我會喜歡這隻狐狸，所以送給我。

我的確很喜歡。我把它放在房裡，我們的拉布拉多犬也喜歡，以前都會偷跑進來啃兔子標本。

我會花好幾個小時看著那隻狐狸。我會用尺量它，量爪子到肩膀、犬齒尖到頷骨、尾巴末端到背部的距離。這隻狐狸讓我到寬街的公立圖書館展開了一連串的自然閱讀，並在期間（在學校一位老師的指導下）遇見BB寫的《荒野孤寂：一隻皮屈里狐狸的故事》。從某方面來說，我要非常感謝那個狐狸標本，因為BB對我的啟發比任何人都大，他讓我對大自然產生靈性的敬意，而不只是單純的欣賞或過分的感性（雖然這兩種我也做得到）。

我雖然喜歡我的狐狸標本，卻從未對真正的狐狸感興趣，因為狐狸是殺死我們家雞鴨羊的凶手。我尊敬他們，但不愛他們。使我的矛盾心理加劇的是，我是我所知道的人當中，唯一一個曾在馬背上獵過狐狸、卻也曾阻止他人獵狐的人。

直到今天，我才完全明白狐狸讓我感到不安的原因。狐狸身為犬科動物卻非常像貓，令人很不自在。除了像貓一樣用跳撲抓老鼠的方式抓獵物，狐狸還有垂直的縫狀瞳孔。那個標本師傅在愛德華時代製作我的狐狸標本時，給了它漂亮的琥珀色狗眼睛。

那隻狐狸快步走過雪地，意識到自己的模樣非常俊俏。他是隻正統的鄉間狐狸。在灰暗的光線中，我可以根據他的體型和他那雙純黑的腿把他跟其他動物區分出來。他現在三歲，是二月出生的那窩狐狸寶寶的父親。有時，我會在屋裡看他巡視領土。他的領土大約是兩座農場多一點的範圍，約莫一百英畝，主要的邊界是河流和馬路。他雖然快步行進，但是進展緩慢，因為每隔五十公尺他就要停下來聞一聞。雷納——我都這樣稱呼那隻公狐狸——能活到三歲，很厲害。成年狐狸的死亡率每年為百分之五十。狐狸寶寶和少年的死亡率則是百分之六十到七十。

我知道矮林的狐狸寶寶有一隻已經死了，他跨越河流，進入採石林狐狸的領地。他兩天前陳屍在海岬對面的綿羊草場中央，清楚可見。我來到屍首的位置時，看見他的脖子傷得很嚴重。

當然，對狐狸的矛盾情感是全國人的習慣。沒有其他動物像狐狸一樣被如此勤奮地根除，但又遭到如此熱衷地擬人化。狐狸常常被擬作雷納，因為這個名字源自十二世紀的一首拉丁詩歌，講述一隻名叫雷納杜斯的狐狸折磨他的笨狼伯父伊森格利穆斯的故事。他曾出現在喬叟一三九〇年的〈修女院教士的故事〉裡，名字改成洛壽；後來，這個形象在一四八一年出版的《狐狸雷納的歷史》（威廉・卡克斯頓著）中發展成熟。有系統地獵殺這足智多謀的獨行俠（*Vulpes vulpes*）也是很早就出現了；十三世紀的愛德華一世就有皇家狐狸獵人。殺狐的方法不只侷限於帶獵犬獵狐。都鐸害蟲法規定，一顆狐狸頭的賞金高達一先令，因此根本沒人在意狐狸是怎麼被殺的。根據動物史學家羅格・洛福格羅夫[2]的著作《沉默的草場》，英國古老的鄉野是獵狐活動最盛行的地點，包括威爾斯的邊界地帶。

如撞球桌般平滑的綠色草地不見了，持續兩天的白霜讓草變得蒼白無力。莎草上的雨滴亮晶晶的，像萊特・哈葛德[3]小說裡的紅寶石與綠寶石，讓草場出現短暫的美。灌木籬和矮林裡的樹木只剩下皮包骨。鵟鷹迎接黎明，寒鴉結束一天。

十二月十四日

女兒的學校在赫里福德大教堂舉辦頌歌禮拜：禮拜的第一部分在黑暗中進行，唯一的光源是掛在耳堂中央上方的一圈蠟燭。那晚，我到草場上，站在令人暈眩的黑暗中，頭上是星光。山巒是高牆，星星是蠟燭。教堂和草場沒什麼兩樣。

我痛斥人工光線的出現。站在無垠的星夜之中，就能成為宇宙的居民，看見它的廣闊無邊。星星讓南方古猿驚奇地抬頭仰望，開始夢想。閃電戰[4]之後，倫敦就再也沒看過星星。

隔天下午，一群歡樂的椋鳥從村子那裡飛過來。他們的冬裳閃閃發亮，恰好是星空的設計。

十二月十六日

地底下的草場：一場小雨後，地面解凍了，我正挖洞要釘木樁。我覺得挖草地是一件令人興奮的事情，因為草地的地底面貌將會展露無遺。

草叢底下的生物數量多得驚人：彎月形的五月鰓角金龜幼蟲、狼蛛、棍狀的迷你黃色蕈菇以及蝴蝶的蛹，而當鏟子往下挖時，還會看見蟲子的一舉一動，每一隻蟲都像一個有生命的犁，將落葉往下拉、製造堆肥、不斷把多餘的土送到地表。他們的活動範圍延伸到地下四十公分左右，比蒲公英發腫的根部還深：樹液在春天往上升，在冬天植物的精華則會沉到根部。

沉重的星期日午後，灰藍色的天空靜止不動，遠在上流的某處有鋸子在鋸東西。伊迪絲和我沿著草場邊緣走了一圈。走近蠑螈土溝時，伊迪絲挑釁一隻鷸，鷸呈之字型逃走了。

回到屋裡，我翻閱日記，寫下今年在草場上看見的每一種鳥。首先，是那些在地面或灌木籬和樹上的鳥：

鷸、歐歌鶇、烏鶇、蒼頭燕雀、知更鳥、鵟鷹、紅腹灰雀、渡鴉、喜鵲、雲雀、杓鷸、林鴿、金翅雀、禿鼻鴉、白鶺鴒、灰山鶉、鴯、斑鶲、嘰咋柳鶯、黑頭鶯、大斑啄木鳥、綠啄木鳥、鷦鷯、長尾山雀、白眉歌鶇、田鶇、草地鷚、家麻雀、寒鴉、綠頭鴨、黃鶺鴒、小嘴烏鴉、青山雀、大山雀、小辮鴴、鷺鷥、灰林鴞、倉鴞、縱紋腹小鴞、黃鵐、椋鳥。

從頭上或身旁飛過的：紅鳶、紅隼、鴛鴦、鷺鷥、加拿大雁、雨燕、家燕、毛腳燕、川秋沙、翠鳥、雀鷹、鳳頭鸊鷉、河烏。

整體來說，比去年多了兩種鳥，但今年也有一些明顯缺席的：樹麻雀和花雀。

列表列上了癮，我乾脆也整理了一下草地上所有的花：草甸碎米薺、錐足草、黃鼻花、牧地山黧豆、洋委陵菜、百脈根、筋骨草、虎耳草、山蘿蔔、小米草、白雛菊、紅菽草、白菽草、藍鈴花、斑葉疆南星、捕蟲瞿麥、洋蓍草、蒲公英、野芝麻、毛地黃、洋甘菊、薊、卷耳、剪秋羅、連錢草、豬殃殃、櫟林銀蓮花、山靛、繁縷、酸模、峨參、豬草、黃花九輪草、報春花、野薔薇、忍冬、野豌豆、狹葉車前草、碎米薺、糙毛獅齒菊、黃唐松草、蕁麻、草地老鸛草、秋獅齒菊。

十二月十七日

殘酷的風吹過草場。草葉消逝或是遭到摧殘，使身形較小的鳥更清楚可見。在河岸地長滿厚厚一層地衣的蘋果樹上，有一隻小小的旋木雀向上飛，用和杓鷸一樣向下彎的嘴喙啄食。

天色倏地暗了下來，一隻獾出現在矮林旁。幾乎在同一時間，三隻經過的小嘴烏鴉集體攻擊他，轉眼間他就消失無蹤。我走過去，看見那隻獾剛剛是在把一些沒收集到的乾牧草拖往柵欄的方向，應該是要用來鋪床。這是很有野心的行為，因為他的洞穴在好幾百碼之外。但獾穴裡的生活看來依舊持續著，就和過去無數個年頭一樣。

十二月十九日

這天是十二月難得暖和的日子，簡直就像春天。早上，整片草場都織滿了蛛網，低垂的太陽在上面反彈，亮得刺眼，就好像躺在海面上的月光。空氣中遍布著飄盪的蛛絲，每一根都帶著一隻離家的年輕蜘蛛。

十二月二十三日

現在已經越來越接近狐狸交配的全盛期了，夜晚充斥著吠叫聲。狐狸有很多樣的聲音變化，但他們主要是發出斷斷續續的尖音或「汪汪」地吠叫。他們也會發出「哇嗚嗚嗚」的長嚎，讓人寒毛直豎。

我在月光下走到草場。我可以聽見狐狸的另一種聲音：「戈可」。這是一種喀擦喀擦的碎念聲，參雜短促的尖叫聲，比較像鸚鵡，而不像狗。這是在侵略性的狀況下發出的聲音。聲音是從河邊傳來的，即便混在潺潺流水聲中仍聽得見。我走過草場時一點也不安靜：兩天的雨滲透了黏土，現在又結冰。一束束月光照出草中閃爍的鑽石。我從河岸的柵欄望去，看見兩隻狐狸的剪影在河的兩側，相距八英尺。赤狐是地域性很強的生物。我沿著邊緣走進海岬，繞過去。他們太專注了，我的腳步聲又被水聲混淆，因此我得以走到距離十英尺的地方。站在艾斯克里河對岸卵石灘的那隻狐狸，身影被完美地映照出來，我能看見他齜牙咧嘴的嘴巴冒出的蒸氣和他貼平的雙耳。

狐狸存在很久了。華威郡的沃爾斯頓冰河沉積物裡曾出土赤狐的遺骸。也就是說，這些狐狸在距今十三萬五千到三十三萬年前的某個時候就已經存在。

空氣中出現了某種變化，遠處河岸的那隻狐狸抬起頭，看見我，跑掉了。雷納消失在草叢的陰影裡。

我走回我的窩。

十二月二十七日

夜間溫度降到冰點以下。生命的脈搏靜止不動，慢了下來。草場上聞得到一年終結之時的鐵鏽味。若非看見我的回憶疊印在上頭，草場幾乎是空無一物的。這片草場是我親手割的，我是這片草場的一分子，我在這裡學到簡單的喜悅。想知道快樂是什麼，詢于芻蕘。

十二月三十一日

跨年夜。我把綿羊放到草場上，並將一堆乾草放進飼料槽。這算是完成了某種良性循環，因為乾草就是來自這片草場——我在夏天製作的乾草，用那些現在已不可或缺的防水布拖曳的乾草。

綿羊和乾草放好了。渡鴉呱呱叫。我將柵門關上，離開草場。一切就是如此，向來如此，也永遠會如此。

編註

1 尤指射擊、狩獵及釣魚。

2 羅格・洛福格羅夫(Roger Lovegrove, 1935–),英國野生動物保育專家。二〇〇七年出版《沉默的草場》一書,描述自中古時期以來英格蘭與威爾斯地區人們對於野生動物與鳥類的迫害。

3 萊特・哈葛德(Rider Haggard, 1856–1925),英國小說家,長年居住在非洲,代表作為浪漫冒險故事《所羅門王的寶藏》。

4 一九四〇年九月到一九四一年五月間,納粹德國對英國主要城市發動一連串空襲,其中倫敦遭到轟炸超過七十六天,受創最為嚴重。

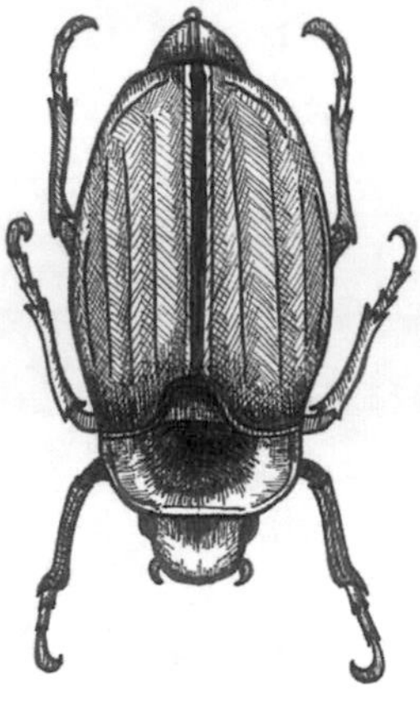

植物名錄

口蘑｜St George's mushroom
小米草｜eyebright
山楂｜hawthorn
山靛｜dog's mercury
山蘿蔔｜devil's bit scabious
毛地黃｜foxglove
牛蒡｜burdock
冬青｜holly
半裸蓋菇｜liberty cap mushroom
田槭｜field maple
白菽草｜white clover
白雛菊｜white daisy
白蠟樹｜ash
矢車菊｜knapweed
地楊梅｜woodrush
早熟禾｜meadow grass
百脈根｜bird's-foot trefoil
西洋夏雪草｜meadowsweet
冷杉｜fir
忍冬｜honeysuckle

赤楊｜alder
卷耳｜mouse-ear
沼澤薊｜marsh thistle
牧地山黧豆｜meadow vetchling
狐尾草｜meadow foxtail
虎耳草｜saxifrage
金針菇｜velvet shank mushroom
金雀花｜dyer's greenweed
柳樹｜willow
柳蘭｜rosebay willow herb
毒芹｜hemlock
洋甘菊｜camomile
洋委陵菜｜tormentil
洋狗尾草｜crested dog's tail
洋蓍草｜yarrow
秋獅齒菊｜autumn hawkbit
紅菽草｜red clover
凌風草｜quaking grass
峨參｜cow parsley
捕蟲瞿麥｜red campion

狹葉車前草｜ribwort plantain

草地老鸛草｜meadow cranesbill

草甸毛茛｜meadow buttercup

草甸碎米薺｜lady's smock (cuckoo pint)

剪股穎｜common bent

剪秋羅｜ragged robin

常春藤｜ivy

接骨木｜elder

救荒野豌豆｜common vetch

粗早熟禾｜rough meadow grass

莎草｜sedge

連錢草｜ground ivy

野勿忘草｜field forget-me-not

野生紫羅蘭｜dog violet

野生酸蘋果｜crab apple

野芝麻｜yellow archangel

野豌豆｜bush vetch

雪花蓮｜snowdrop

報春花｜primrose

斑葉疆南星｜lords and ladies (cuckoo pint)

筋骨草｜bugle

紫羊茅｜red fescue

黃花九輪草｜cowslip

黃花柳｜goat willow

黃花茅｜sweet vernal

黃唐松草｜common meadow rue

黃鼻花｜yellow rattle

黑木耳｜Jew's ear mushroom

黑刺李｜blackthorn (sloe)

黑莓｜blackberry

黑麥草｜rye grass

榆樹｜elm

榕葉毛茛｜lesser celandine

榛木｜hazel

蒲公英｜dandelion

酸模｜dock (sorrel)

寬葉羊角芹｜ground elder

槲寄生｜mistletoe

歐洲山蘿蔔｜field scabious

蔥芥｜Jack-by-the-hedge

豬殃殃｜cleavers (goosegrass)

豬草｜hogweed

髮草｜tufted hair-grass

橡樹｜oak

蕁麻｜nettle

蕨｜bracken

貓尾草｜timothy
錐足草｜pignut
鴨茅｜cock's foot
糞生花褶傘｜turf mottlegill mushroom
繁縷｜stitchwort
薊｜thistle
瀉根｜bryony
藍鈴花｜bluebell
櫟林銀蓮花｜wood anemone
顛茄｜deadly nightshade
懸鉤子｜bramble
蘋果｜apple

動物名錄

大山雀｜great tit
大蚊｜crane fly/leatherjacket
大斑啄木鳥｜great spotted woodpecker
大蹄鼻蝠｜greater horseshoe bat
小白浪蛾｜lesser cream wave moth
小黃夜蛾｜least yellow underwing
小蜂｜chalcid wasp
小嘴烏鴉｜carrion crow
小辮鴴｜lapwing
山蝠｜noctule bat
川秋沙｜merganser
五月鰓角金龜｜cockchafer
六星燈蛾｜six-spot burnet moth
孔雀蛺蝶｜peacock butterfly
毛腳燕｜house martin
水田鼠｜water vole
水游蛇｜grass snake
水黽｜pond skater
水鼠耳蝠｜Daubenton's bat
水獺｜otter
加拿大雁｜Canada goose
田鶇｜fieldfare
白眉歌鶇｜redwing
白鼬｜stoat
白鶺鴒｜pied wagtail
皿蛛｜money spider
石蛾｜caddis fly
仰蝽｜backswimmer
尖鼠｜shrew
有翅黃土蟻｜winged meadow ant
有翅瑪瑙（飛蟻）｜winged agate (flying ant)
灰山鶉｜common partridge
灰林鴞｜tawny owl
灰背隼｜merlin
灰樹蛙｜chameleon frog
老鼠｜rat
希伯來字母蛾｜Hebrew character
杓鷸｜curlew
杜鵑｜cuckoo

禿鼻鴉｜rook
豆娘｜damselfly
赤松雞｜red grouse
佩帶蚜蠅｜hoverfly
兔子｜rabbit
刺蝟｜hedgehog
夜鷹｜nightjar
松鼠｜squirrel
松鴉｜jay
林岩鷚｜dunnock (hedge sparrow)
林鴿｜wood pigeon
沫蟬｜frog-hopper
河烏｜dipper
沼澤豹紋蝶｜marsh fritillary butterfly
泥鰍｜loach
狐狸｜fox
狐蛾｜fox moth
盲蝽｜leaf bug
知更鳥｜robin
金翅雀｜goldfinch
長尾山雀｜long-tailed tit
長尾森鼠｜wood mouse (field mouse)
雨燕｜swift
青山雀｜blue tit

青蛙｜frog
柳鶯｜willow warbler
紅灰蝶｜small copper butterfly
紅隼｜kestrel
紅腹灰雀｜bullfinch
紅鳶｜red kite
紅襟粉蝶｜orange-tip butterfly
虻｜horsefly
倉鴞｜barn owl
家麻雀｜house sparrow
家燕｜swallow
烏鶇｜blackbird
狼蛛｜wolf spider
粉貴格蛾｜powdered quaker moth
紋白蝶｜cabbage white
草地蚱蜢｜meadow grasshopper
草地褐蝶｜meadow brown butterfly
草地鷚｜meadow pipit
蚊子｜mosquito
蚜蟲｜aphid
旋木雀｜treecreeper
條紋糞金龜｜dor beetle
笛粗螯蛛｜large-jawed spider
蚯蚓｜earthworm

雀鷹｜sparrowhawk

雪貂｜polecat

喜鵲｜magpie

喬克希爾藍蝴蝶｜chalk hill blue butterfly

寒鴉｜jackdaw

掌歐螈｜palmate newt

斑鶲｜spotted flycatcher

普藍眼灰蝶｜common blue butterfly

椋鳥｜starling

渡鴉｜raven

稀古毒蛾｜scarce vapourer moth

紫步行蟲｜violet ground beetle

絲光銅綠蠅｜green bottle fly

絲囊蜘蛛｜silk cell spider

菊虎｜soldier beetle

蛞蝓｜slug

越橘捲蛾｜bilberry tortrix moth

雲雀｜skylark

黃土蟻｜meadow ant

黃鵐｜yellowhammer

黃鶺鴒｜yellow wagtail

黑田鼠｜short-tailed vole (field vole)

黑蛞蝓｜black slug

黑頭鶯｜blackcap

黑蠅｜blackfly

蜉蝣｜mayfly

跳蟲｜springtail

鉤粉蝶｜brimstone butterfly

雉雞｜pheasant

劃蝽｜water boatman

熊蜂｜bumblebee

綠啄木鳥｜green woodpecker

綠頭鴨｜mallard

翠鳥｜kingfisher

蒼頭燕雀｜chaffinch

蜻蜓｜dragonfly

鳳頭鸊鷉｜great crested grebe

嘰咋柳鶯｜chiffchaff

潮蟲｜woodlouse

褐斑夜蛾｜brown-spot pinion moth

鳾｜nuthatch

瓢蟲｜ladybird

蕁麻蛺蝶｜tortoiseshell butterfly

鴛鴦｜mandarin duck

糞蠅｜dungfly

糠蚊｜midge

縱紋腹小鴞｜little owl

隱翅蟲｜rove beetle

鮰魚｜bullhead

薩提爾蛾｜satyr pug moth

藍灰剪蛾｜glaucous shears moth

鯉科小魚｜minnow

鵟鷹｜buzzard

鼬鼠｜weasel

蟾蜍｜toad

鏈眼蝶｜gatekeeper butterfly

鶇｜thrush

蠑螈｜newt

獾｜badger

癭蚊｜gall midge

癭蜂｜gall wasp

鼴鼠｜mole

鱒魚｜trout

鷦鷯｜wren

鷸｜snipe

鷺鷥｜heron

青青草地圖書館的書籍與音樂清單

你讀的書決定你成為什麼樣的人。因此，我要推薦下面這些書，並加以說明。

我真希望我記得是哪一位學校老師唸《小灰人》(*The Little Grey Men*) 給我們聽的(給十二歲小朋友看的地精故事，真荒唐！)，但我覺得一定是年輕熱情的大衛老師（穿著深綠色夾克）。BB（本名德尼斯・瓦特金斯－皮奇福德）筆下的地精雖然讓我覺得有趣，但這本書的潛在內容更吸引我：英國鄉村的自然史。

我對他描寫的鄉村並不陌生，它就在我家門前，是我爺爺奶奶耕作的土地，是我的家族（赫里福德郡的那一支）住了將近九百年的地方。BB 讓我看見的，是互連性。地精可以和野生動物溝通，那麼我為何不行？這樣思考自然的方式不存在「我們」和「牠／它們」，而是兩者合一的「我們」。這是從裡到外看待自然世界的思維，而不是從外面往裡面看。

那時的我早已是個「自然系男孩」，我常和我的黑色拉布拉多犬洛夫到處亂跑，通常只有我們兩個，但有時是和親戚朋友一起。除了狗之外，我的標準配備還包括一個龐大的望遠鏡，每次我爬到樹上偷看鳥巢——尤其是榆樹頂的林鴿小木屋時，就甩得我好疼。我現在還留著七歲時得到的那本《英國鳥蛋觀察手冊》(*Observer's Book of British Birds' Eggs*)，也還留著《英國鳥類觀察手冊》(*Observer's Book of British*

Birds)、《野生動物觀察手冊》(*Observer's Book of Wild Animals*) 和《池塘生物觀察手冊》(*Observer's Book of Pond Life*)。還有艾琳阿姨和喬治叔叔在我十歲生日時送我的《鳥類圖鑑》(*AA Book of Birds*)，現在就放在書架上，和其他不可或缺的七〇年代認鳥圖鑑擺在一起:《漢林英國與歐洲鳥類圖鑑》(*The Hamlyn Guide to the Birds of Britain and Europe*) 及《柯林斯英國鳥類口袋圖鑑》(*Collins Pocket Guide to British Birds*)。最後這一本是學校比賽贏來的獎品，那次我贏的很驚喜，沒有其他在校表現優異的時候能比得上那一刻。

我一認識 BB 這個作家，就馬上到赫里福德圖書館，回家時書包裝著《明亮的小溪》(*Down the Bright Stream*)、《荒野孤寂》(*The Wild Lone*) 和《布蘭登獵場》(*Brendon Chase*) 這三本書。最後這兩本書讓 BB 成為對我影響力最大的作家。在我看來，《荒野孤寂》是將動物思想與生活描寫得最棒的一部作品，而《布蘭登獵場》是男孩子的英國鄉村冒險經典，講述漢斯曼兄弟在森林裡野外求生的故事（但我承認亞瑟・蘭塞姆寫的《北方大潛鳥？》(*Great Northern?*) 也同樣優秀）。四十幾歲時，我這個大男孩終於也有機會住在野外。我花了一年時間靠著自己採集狩獵而來的食物生存，並將這段經歷寫成了《野外歲月》一書。在野外生活絕不會無趣乏味。賞鳥的人肯定不會像麥克・李[1]的劇中角色。野外永遠都應該是令人狂喜的體驗。

如果說 BB 是我最欣賞的自然書寫作家，那麼其他作家則是隨著時序推移依附在我的生命裡的角色，就好比豬殃殃在綿羊通過灌木籬時黏在他們的毛上那樣。我內心的那位無政府主義者熱愛威廉・科比特所寫的自給自足經典《農舍經濟》(*Cottage Economy*)，而那位中年的保守派獵人則喜歡布萊恩・維賽－費茲傑羅的《英國獵物》(*British Game*)；後者是新自然學家系列叢書 (New Naturalist series) 的第二本，這個系列的每一本書都應該被放在大自然愛好者的書架上。我讓我的兩個孩子讀貝瑞・漢斯的 《鷹與男孩》 (*A Kestrel for a Knave*)——我自己小時候也讀過 ，好讓他們了解養寵物的好處。擁有動物的愛，你就永遠不會寂寞。

喬治・歐威爾曾寫過一句話，大意是一個人的自傳除非揭露了驚人的事實，否則就不能相信。所以，我要坦誠一件小祕密，那就是我不信科學。在不受科學干擾的那個層次上，我發現了英國的田園詩：湯瑪士・哈代、約翰・克萊爾、艾華・湯瑪斯，以及極負盛名的英國人羅伯・佛洛斯特（湯瑪斯和佛洛斯特皆屬於恬墨詩人[2]這個圈子，距離我成長的地方只有幾英里)。他們不也都寫出了有關大自然的事實嗎？

你讀的書反映了你這個人。我有個壞習慣，喜歡讀另一個世界的農業書籍：DDT 出現之前的英國。喬治・埃沃特・埃文斯的《詢于芻蕘》(*Ask the Fellows Who Cut the Hay*)、約翰・史都華・科里斯的 《蟲子原諒犁》 (*The Worm Forgives the Plough*) 和喬治・亨德森的《農梯》(*The Farming Ladder*) 總是令人寬心。

我的書架上可以找到青青草地的完整書單：

Richard Adams, *Watership Down*, 1972：兔子版的《埃涅阿斯記》。中譯本：理察・亞當斯，《瓦特希普高原》(多版本)

J. A. Baker, *The Peregrine*, 1966：貝克在這本書中講述了他追蹤遊隼一年的故事，刻意模糊人與鳥之間的區別，在 1967 年贏得道夫・庫柏獎 (Duff Cooper Prize)。

BB (Denys Watkins-Pitchford), *The Wild Lone*, 1938; *Manka the Sky Gypsy*, 1939; *The Little Grey Men*, 1942; *Brendon Chase*, 1944; *Down the Bright Stream*, 1948

Ronald Blythe, *Akenfield*, 1969：沙福郡傳統農業的最後一段歲月。

Maurice Burton, *The Observer's Book of Wild Animals*, 1971

Geoffrey Chaucer, *Parlement of Foules* (trans. C. M. Drennan), 1914

A. R. Clapham, *The Oxford Book of Trees*, 1986

John Clare, *The Shepherd's Calendar*, 1827：用詩歌的形式寫出鄉下人一年的工作、節日與規律。

John Clegg, *The Observer's Book of Pond Life*, 1967

William Cobbett, *Cottage Economy*, 1822：自給自足生活的原創經典。*Rural Rides*, 1830：從馬背上精準地描繪了喬治王時代的英國樣貌。

John Stuart Collis, *The Worm Forgives the Plough*, 1973：第二次大戰期間在英國鄉村工作的經歷。

Country Gentlemen's Association, *The Country Gentlemen's Estate Book*, 1923

R. S. R. Fitter, Collins *Pocket Guide to British Birds*, 1973

Roger Deakin, *Wildwood*, 2007

G. Evans, *The Observer's Book of Birds' Eggs*, 1967

George Ewart Evans, *Ask the Fellows Who Cut the Hay*, 1956：沙福村的口述歷史。

Thomas Firbank, *I Bought a Mountain*, 1959：威爾斯的丘陵農業。

W. M. W. Fowler, *Countryman's Cooking*, 2006：最初是在1965 年出版，政治不正確得很精彩。

Sir Edward Grey (Grey of Fallodon), *The Charm of Birds*, 1927：帶領我們打第一次世界大戰的這個男人是個狂熱的鳥類學家，這本書是他針對鳥的歌聲所做的研究。他的視力雖然衰退，耳力卻很完好。

Geoffrey Grigson, *The Englishman's Flora*, 1955：我總是檢索這本花朵圖鑑。

Lt-Col Peter Hawker, *Instructions to Young Sportsmen*, 1910：恐怕是有史以來關於打獵的書中最受歡迎的一本。

George Henderson, *The Farming Ladder*, 1944

Otto Herman and J. A. Owen, *Birds Useful & Birds Harmful*, 1909：這是我這輩子閱讀的第一本和鳥類有關的書，因為這本是我父親從親戚那裡繼承而來，就放在我兒時房間外面的書架上。

James Herriot, *If Only They Could Talk*, 1970

Jason Hill, *Wild Foods of Great Britain*, 1939：早期非常具啟發性的採集指南書。

Barry Hines, *A Kestrel for a Knave*, 1968 中譯本：貝瑞・漢斯，《鷹與男孩》，2010

W. G. Hoskins, *English Landscape*, 1977

W. H. Hudson, *Adventures Among Birds*, 1913

Richard Jefferies, *The Gamekeeper at Home*, 1878; *The Amateur Poacher*, 1879; *The Life of the Fields*, 1884

Rev. C. A. Johns, ed. J. A. Owen, *British Birds in Their Haunts*, 1938：每一筆條目都是自然文學。

Richard Lewington, *Pocket Guide to the Butterflies of Great Britain and Ireland*, 2003

Ronald Lockley, *The Private Life of the Rabbit*, 1964：啟發亞當斯撰寫《瓦特希普高原》的作品。

Robert Macfarlane, *The Wild Places*, 2008

J. G. Millais, *The Natural History of British Game Birds*, 1909

Ian Moore, *Grass and Grasslands*, 1966 ： 新自然學家系列叢書。

Ernest Neal, *The Badger*, 1948：新自然學家系列叢書。

George Orwell, *Coming Up for Air*, 1939

Eric Parker, *Shooting Days*, 1918; *The Shooting Week-End Book*, n.d.

E. Pollard, M. D. Hooper and N. W. Moore, *Hedges*, 1974

Major Hesketh Prichard, *Sport in Wildest Britain*, 1921

Oliver Rackham, *The History of the Countryside*, 1986

Arthur Ransome, *Great Northern?*, 1947：《燕子號與亞馬遜號》系列小說的最後一本。孩子們相信稀有的北方大潛鳥在一座蘇格蘭湖泊上築巢，必須受到保護。

Romany (G. Bramwell Evans), *A Romany in the Fields*, 1927; *Out with Romany by Meadow & Stream*, 1942

Siegfried Sassoon, *Memoirs of a Fox-Hunting Man*, 1928

Peter Scott, *The Eye of the Wind*, 1961：作者創立了野鳥信託組織，並在第二次世界大戰時指揮皇家海軍的炮艦，榮獲傑出服役十字勳章。他父親是南極冒險家史考特，在凍死前最後一則筆記中，請妻子一定要「讓那孩子對自然產生興趣」。

John Seymour, *The Fat of the Land*, 1961

Henry Stephens, *The Book of the Farm*, 1844：維多利亞時代常備的農業指南。

Paul Sterry, *Collins Complete Guide to British Wild Flowers*, 2006

David Streeter and Rosamond Richardson, *Discovering Hedgerows*, 1982

Thomas Traherne, *Centuries of Meditations*, 1908：特拉納可以說是「英國的亞西西的聖方濟各」。

Edward Thomas, *Collected Poems*, 1920

S. Vere Benson, *The Observer's Book of British Birds*, n.d.

Brian Vesey-Fitzgerald, *Game Birds*, 1946; *The Book of the Horse*, 1946

Paul Waring and Martin Townsend, *Concise Guide to the Moths of Great Britain and Ireland*, 2009

Gilbert White, *The Natural History of Selbourne*, 1789：英國自然書寫的源頭。

Raymond Williams, *People of the Black Mountains*, Vols 1 & 2, 1989–90：威廉斯來自黑山山腳下的鐵道村落潘狄，後

來成為劍橋大學的戲劇教授與馬克思主義哲學家。這兩本小說的文氣雖然有點矯揉造作，但卻道出了黑山的歷史，寫得很好。

Henry Williamson, *Tarka the Otter*, 1927

William Youatt, *Sheep: Their Breeds, Management and Diseases*, 1848

音樂：

J. S. Bach, *Sheep May Safely Graze*, 1713：《狩獵清唱劇》(the Hunt Cantata) 的詠嘆調曲目，內容在讚揚牧羊人。

Samuel Barber, *Adagio for Strings*, 1936

George Butterworth, *The Banks of Green Willow*, 1913：作曲家巴特沃思在一九一六年戰死。

Hubert Parry, *Jerusalem*, 1916：是的，他是我的親戚之一，至少據稱如此。

Henry Purcell, *When I Am Laid in Earth*, 1688：〈狄多與埃涅阿斯〉("Dido and Aeneas") 的詠嘆調。

Supergrass, *Alright*, 1998 ：特別適合在青草歡唱的和煦春日聆聽。

Ralph Vaughan Williams, *Fantasia on a Theme by Thomas Tallis*, 1910; *Folk Songs II: To The Green Meadow*, 1950

Thomas Tallis, *Spem in Allium*, c. 1570 ：〈只把希望放在祢身上〉("Hope in any other")。

編註

1 麥克・李 (Mike Leigh, 1943–)，英國電影導演，擅長刻劃平凡人物的真實生命樣貌。

2 恬墨詩人 (Dymock Poets) 是二十世紀初期的一個英國藝文團體，由佛洛斯特 (Robert Frost)、艾伯克倫比 (Lascelles Abercrombie)、布魯克 (Rupert Brooke)、湯瑪斯 (Edward Thomas)、吉布森 (Wilfrid Wilson Gibson)、德林瓦特 (John Drinkwater) 等詩人組成，出版季刊《新數字》(*New Numbers*)。因成員都住在格洛斯特郡的迪莫克 (Dymock) 附近而得名。

致謝

我要謝謝作家協會頒給我創建獎。

我要感謝 Transworld 的蘇珊娜・瓦蒂森 (Susanna Wadeson) 和帕慈・厄文 (Patsy Irwin)、LAW 的朱利安・亞歷山大 (Julian Alexander) 和班・克拉克 (Ben Clark)、我的妻小，以及草場上所有一點也不笨的動物——無論是野生的或飼養的，你們總是包容著我。也要感謝花草樹木。

最後，我要謝謝 Faber & Faber 和 Viking 出版社，同意讓我節錄使用艾茲拉・龐德的《詩經：孔子定義的經典文集》（〈生民之什〉英譯版本）和約翰・史都華・科里斯的《蟲子原諒犁》。